建筑学与学建筑丛书/荆其敏主编

建筑空间设计

荆其敏　荆宇辰　张丽安　著

 东南大学出版社
SOUTHEAST UNIVERSITY PRESS
南京 · 2016

内容提要

　　建筑设计从过去的房间设计进展到空间设计是当代建筑学的一大进步,如何塑造建筑空间领域是学会建筑设计的基础。在城市与建筑设计中限定空间的要素多种多样,环境空间、城市空间、建筑空间、室内设计各类空间之间均有相互联结的体制、层次、类型和设计手法。建筑师、规划师、设计师必须学会营造丰富有趣的空间设计原则和方法。《建筑空间设计》一书的内容是描述当代建筑空间设计的基本理论原则和方法,可供设计师、规划师、相关领域的师生以及关注空间艺术的广大读者阅读。

图书在版编目(CIP)数据

建筑空间设计/荆其敏等著. —南京:东南大学出
版社,2016.6
　(建筑学与学建筑丛书/荆其敏主编)
　ISBN 978 - 7 - 5641 - 6654 - 0

　Ⅰ. ①建⋯　Ⅱ. ①荆⋯　Ⅲ. ①空间—建筑设计
Ⅳ. ①TU2

　中国版本图书馆 CIP 数据核字(2016)第 179312 号

书　　　名:建筑空间设计
著　　　者:荆其敏　荆宇辰　张丽安
责任编辑:徐步政　孙惠玉　邮箱:894456253@qq.com　　文字编辑:唐红慈

出版发行:东南大学出版社　　社址:南京市四牌楼 2 号(210096)
网　　　址:http://www.seupress.com
出 版 人:江建中

印　　　刷:虎彩印艺股份有限公司　排版:南京新洲印刷有限公司制版中心
开　　　本:787 mm×1092 mm　1/16　印张:7.75　字数:184 千
版 印 次:2016 年 6 月第 1 版　　2016 年 6 月第 1 次印刷
书　　　号:ISBN 978 - 7 - 5641 - 6654 - 0　定价:39.00 元

经　　　销:全国各地新华书店　发行热线:025—83790519　83791830

前言

人们生活在建筑空间之中，人与空间相依为命，在人们的日常生活中，城市规划、建筑设计、园林景观、室内设计、环境艺术等专业领域都离不开环境中的空间意象。当今，人性化、情感化的建筑空间创作成为建筑设计创作中的主题，建造完美的生活空间、理想的建筑空间一直是人们生活中永不改变的追求。

《建筑空间设计》是一本建筑空间设计入门的参考书。建筑设计技法由平面构图、立体构成发展到空间布局是表述建筑设计构思方法的一大进步。我们学习建筑设计首先要求解什么是"建筑空间设计"？建筑空间与实体的关系是什么？怎样的空间布局方法能够把握建筑空间中的虚实关系？怎样才能设计出有流动空间和动感视觉的精彩建筑设计作品？建筑作品的空间效果永远是我们建筑设计要表现的主题！

人与自然，人与人的交流都离不开建筑空间作为中介。在所有的建筑空间中，都存在着不自觉的情感交流，人们在建筑师安排的空间中获得舒适和美的感受。之所以产生这种情感交流，是因为建筑空间的内部和外部都是有情的。我们说城市与建筑之有情，是因为建筑空间有情，环境中无情的空间是失落的空间、负空间。要从人对建筑空间的真实感受出发进行建筑设计，才能真正地体现建筑创作中以人为本的设计思想。

在社会生活中，文学、绘画、音乐、建筑艺术都是表现情感的方式，艺术作品的描写赋予各类作品浓厚的感情。城市与建筑空间本身更能反映艺术构思所蕴含的精神境界。建筑实体是物质，建筑空间中蕴含着精神，精神变物质，物质变精神，成功的建筑空间作品能使城市与建筑充满人情味，建筑空间与建筑形式在环境空间中互相配合，有异曲同工之妙。

编写《建筑空间设计》一书的目的是要说明建筑设计要以空间设计为本，对建筑空间的认知会使建筑作品更加富有人性和情感。建筑空间设计中的空间布局是主宰建筑环境效果的基础，探索建筑的空间设计要诚于内而形于外，空间的实质正在于此。

荆其敏
2016 年

目录

第一章 建筑空间的概念

一 空间理论

1 什么是建筑空间？可认知的建筑空间设计

从房间设计到空间设计是 20 世纪建筑设计的一大进步。

20 世纪建筑学的重大进步就是空间大师弗兰克·劳埃德·赖特（1867—1959）一生中最大的贡献——建筑空间设计观念。在赖特以前，建筑师对建筑设计的认知只是设计建筑实体。房屋六面体，追求建筑平立剖面的构图美，甚至要表现平面图中的断面线之组合，建筑实体由天花、地板和四壁构成。赖特提出的建筑空间论把建筑空间视为物体存在的广延性，当时赖特完成的设计作品中，限定空间的要素多种多样，不再像古典主义那样，只寻求建筑的平立剖面构图之美。垂直的墙面、地面、天花板、连续的表面、光线的照射等均可限定多种多样的建筑空间。空间包括有向心的焦点空间、区域性空间、由边墙形成的方向性空间等。空间之间有相互连接的体制，空间还可以划分为垂直的、水平的、彼此层次交错的部分。

"空间"是很难解释的一个名词，柏拉图认为几何是一种空间科学，亚里士多德则以空间为所有场所的总和；一般泛指空间为物体存在运动之所在，是可丈量、可认知的；由实体可界定出"实质空间"，实质空间透过人的经验、思想、心境等，可得"感觉空间"。这段话引自台湾中原大学黄长美的文章《中国园林空间初探》。

2 空间与实体，建筑空间的结构要素

（1）空间的边界——垂直性和领域感

空间的边界具有垂直性，不单指竖直的墙，各形各色的边界都有垂直阻隔的作用。甚至平面上的质地变化和线条也都有垂直阻隔的意象，如地上的停车线。边界的垂直性反映的是空间的领域感，要获得良好的领域感，空间无论大小都需有明确的空间边界并归特定的空间主体所有。主体可以是人也可以是规模不同的群体。规划设计的建筑空间，不同的层次需要各自的边界，边界清晰自然会有归属感和内聚力。

（2）空间边界上的节点

连续性和闭合性是空间边界的两个重要性质，建筑空间层次间的连续性节点可沟通内外两个领域，如可开闭的门窗、吊桥及悬梯之类的建筑设备，这些节点都可处于关闭或开放的状态。交通工具和门都可以沟通两个空间领域。空间边界构成领域、节点形成层次，是建筑空间的基本理论，特别是节点在塑造空间层次中的重要性。

（3）空间中心的含义及其实体性和场所性

建筑空间的实体性是从外部来体验的，空间环境中的实体是人的观察对象，这个对象也就是中心，如果空间中的实体多而混杂，辨别不出中心的存在，即缺乏场所感。所以，空间中心总是环境中较突出的或与周围明显不同的部分，既有实体性的，也有空间性的。一

个环境缺乏边界就会缺乏领域感，同样，缺乏中心也会缺乏场所感。在建筑空间边界向内生成中心，中心向外生成边界。空间中心的存在表达了聚落或群体空间的场所性，明确了属性和统领作用。

（4）空间结构——整体性和同构性

空间结构概念包括人与环境要素这一对认知关系，人对各种要素逐一认识之后，罗织在一起便可能形成较完整的整体印象，形成结构关系，如"路径"或"道路"可视为联系各要素的结构。建筑空间的要素，中心和边界构成一个最简单的整体结构关系。可以把存在空间的要素归纳为中心—场所、方向—路线、区域—领域，并将这些要素的特征赋予地理、景观、城市、建筑实体的围合等各个层次。

（5）空间的结构秩序，空间的层次性

所有对建筑空间的认知感觉均由空间的层次达到，当人们在有对比的建筑空间之中散步就产生空间的层次感，当人们走进迷宫时也有这种感觉。人们对空间层次的秩序感的观察是在大脑中的反映，而非只凭眼睛所见，组织空间的层次与秩序隐于某种含义之中，建筑设计即情感的表达。建筑图中的秩序的路线和方向是两度的表现，而在现实生活中的空间感觉是三度空间的。把物体举上去或悬吊在空中，就形成了结构空间，寻找结构空间的感觉，再创造出用眼睛可感触的建筑空间的环境。

层次性反映建筑空间的秩序关系、主从关系和渐进关系。建筑空间布局要做到层次分明，在渐进的空间变化中体现层次感。从中国的传统城市布局到宫殿、四合院、园林设计等均有鲜明的空间层次，因而能打动人心。

香港太平洋广场屋顶花园的空间层次可划分为三种：娱乐性公共空间、中间性半公共空间、守静性私密空间。公共性空间是指向心的、边界明确的、庞大的交往共享空间。中间性半公共空间设在公共性空间的边缘地带，以满足一般性交往、休憩等半公共性行为，形成清晰的"亲密梯度"。私密空间为行人较少而相对封闭的小空间，如凹入式座位、花架、树荫形成的小空间，空间的层次划分控制了人们实用上和心理上的接近程度。

例如，入口是建筑的基本元素之一，入口是组成建筑空间序列的起始环节，也是内外空间序列的交接点。从入口的标志性起点开始，到达建筑内部的活动中心，要组成若干个空间，或由室外和室内空间交替组成，其开合变化构成入口的空间序列。北京故宫主轴线是依靠一系列贯穿的单体门来实现的，各种不同形式的封闭空间，由窄到宽、由低到高、由小到大。总之，建筑空间格局的安排要按其使用的公共性程度形成一个有层次的布局。所谓的建筑格局即建筑反映社会生活中由公共性的部分引进到半公共性部分，最后到达私人性质部分的布局层次。同时，层次也包含建筑空间构图中的层次概念，反映建筑空间的序列关系、主从关系和渐进的关系。建筑的空间布局要做到层次分明，在渐进的空间变化中体现层次感。

建筑入口空间的布置，能起控制全局的作用，各种流线的组织都从属于入口的安排，入口布置得当，则建筑的内部流线自然而通畅，入口要明显易见，兼顾室内外各种流线的通顺。通达入口的方向要明确，同时入口的位置与外形需要加以强调，使之引人注目。在建筑艺术处理中，有许多突出入口的办法，如在建筑装修上强调入口的特征，运用围墙、前廊、雨棚、门楼、门道等建筑空间要素加强入口的标志。各式各样的入口处理办法，均以达到区别环境和醒目易见为目的（图1.1）。

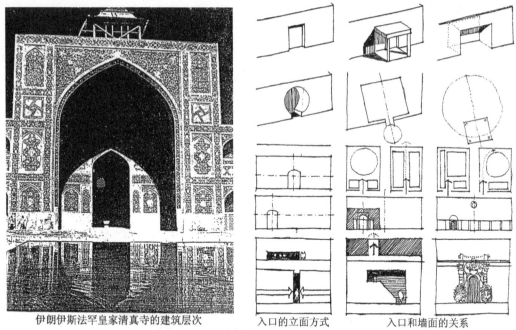

伊朗伊斯法罕皇家清真寺的建筑层次　　　入口的立面方式　　　入口和墙面的关系

图 1.1　空间的层次性，入口空间的层次

3　建筑空间的组合方式

（1）并联式的空间组合

各个使用空间并列布置，用走廊、过道等线形交通连接，平面布局简单，结构经济。交通空间有外廊、中廊和复廊等形式。

（2）串联式的空间组合

各主要使用房间按使用程序彼此串联，相互连接，不用或少用走廊，各种组合方式的房间联系直接，交通面积小，使用面积大，多用于有连贯程序且流线明确简洁的建筑。

（3）单元式的空间组合

按功能要求将建筑物划分为若干个使用单元，以一定方式组合起来。功能分区明确，平面布局灵活，便于分期建造。

（4）大厅式的空间组合

以大厅为中心，将辅助用房布置在四周，并利用层高的差别，空间互相穿插，利用看台、屋顶等结构空间。

（5）大统间式的空间组合

开敞的大统间内借助于家具、活动隔断、屏风等，将空间分隔成各种用途。使用灵活、布局紧凑、用地经济，有较大的适应性。

建筑设计从过去的房间设计发展到空间设计是建筑学划时代的一大进步，建筑空间可融入自然环境，融入城市空间，还强调建筑空间要与城市对话、与城市空间保持一致性，建筑空间要与人有心理交流、以人为本才有意义（图 1.2）。从建筑空间的理论中，我们领悟和体验到建筑空间的真正意义是空间是建筑的主角，建筑是在空间与时间交叉的历史坐标上存在的。正如荷兰建筑师威廉·杜多克（Willem Dudok）说的："建筑学是美丽而庄严的空间游戏。"

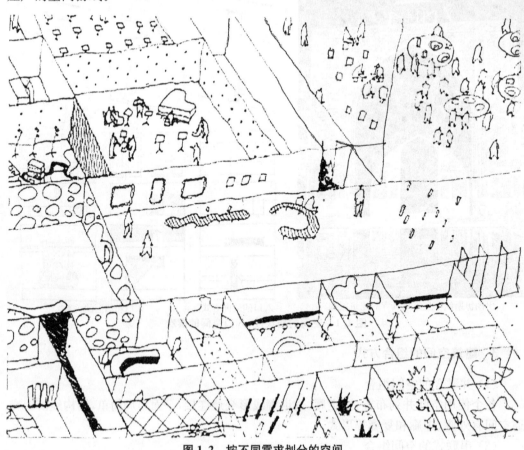

图 1.2　按不同需求划分的空间

二　老子对空间的论述：无中生有，无为而治

美国建筑空间大师弗兰克·劳埃德·赖特对建筑摩登运动的最大贡献是冲破了把建筑当做六面体的传统概念。他认为空间可以内外贯穿，而且可以运用区域和隔断划分空间，并可以巧妙地变化天花和地板标高。一个单一的空间是否可以服务于多种功能取决于视觉观察的位置。他不用封闭的办法限定空间，而运用空间之间的相互关系去组织建筑空间。20 世纪 30 年代以后，空间设计成为建筑摩登运动的特征。

建筑空间大师赖特建立的建筑设计空间观念影响深远，他认为建筑中最主要的是围合物体中的"空"的部分，而非围合物的"实"体。他为老子精辟的哲理所折服，两千多年前老子的《道德经》中对空间的论述至今仍被建筑师们奉为名言。

"三十辐共一毂，当其无，有车之用。埏埴以为器，当其无，有器之用。凿户牖以为室，当其无，有室之用。故有之以为利，无之以为用。"说的是揉和陶泥做器皿，有了器皿中的虚无部分才有器皿的功用。开凿门窗造房屋，有了门窗四壁中的空间才有了房屋的功用。车轮转动的部位全靠车轮中间空洞的地方，当其无，才有车之用。"有"给人的是便利，"无"起了决定性的作用。老子强调的是房屋的空间部分，器皿盛物的空虚部分。因此，建筑设计中起决定作用的是"无"而不是"有",一个碗或茶杯的中间是空的,那空的部分起了碗或茶杯的作用;房子里面是空的,正因为是空的,所以才有了房子的作用。老子"无中生有"的哲理引导建筑师在建筑设计中不局限于现实中所见的具体形象,而着眼于事物在相对关系中的互相补充、互相发挥,同时不忽略那空虚的空间作用。赖特从老子的哲理中领悟到"空"有极大的包容性,蕴含着动的潜力和无穷无尽的变化。赖特开辟了建筑空间设计的新领域,创造了当时罕见的灵活、连续和流动的建筑空间。

赖特作品的空间布局不再受建筑实体的约束,空间可随心所欲地向各方伸展和渗透,因而产生了空间中的模糊性。空间是个模糊的概念,虚幻的存在,人的活动是一种无处不在的空间内容,人对空间的理解改变了,空间就自然而然随之发生转变。正像中国黄土高原上的下沉式生土窑洞民居那样,居住空间是从土体中直接开挖出来的,是大自然中的空间,在地下建造的内部与外部空间,是没有建筑的建筑空间。

老子的《道德经》里说:"道可道,非常道,名可名,非常名。"意思是说得出的"道",就不是永恒的道;叫得出的"名",就不是永恒的名。"道"这个范畴是老子首先提出来的,在老子的哲学中,"道"意味着普遍存在的,视而不见的与物质世界不可分开的、主宰万物的法则。道和名的哲理说出了赖特建筑创作中的设计原则,建筑设计中的要素是一件事物的两个方面,正和反、阴和阳的宇宙关系。"天下万物生于有,有生于无"说的是天下万物生于看得见的具体事物"有",而具体事物"有"又是由看不见的"道"产生的。

赖特的设计思想不仅重视"有",亦重视"无"的存在。有与无的关系说明建筑设计思想生成的根源。作为物质实体的建筑立于有,但它生成于无,"无中生有,无为而治"出自设计师的精神构思,设计师完成了建筑作品,同时又将其转化为精神感染力。

赖特崇尚老子的哲学,掌握有和无的相互转化观念,创造了建筑的时间空间理论。赖特的建筑空间处理手法常把各种活动大小的空间分合自如地组合在一起,灵活自由,可最大限度地使室内空间与大自然交融,在内部创造一个具有戏剧性的核心空间,在视觉和居民的活动中另辟一天地。

当代越来越多的研究表明,我们应该把建筑空间看做是整个自然界的有机组成部分,赖特提倡的"有机建筑"观念在他的"草原式住宅"设计中以及后来的许多作品中都充分地表现出来。这些作品总是以一种自然风景般的姿态,将美的建筑形态和谐地融入水光山色之中,就像是自然界中生机盎然的植物一样,"从大地中生长出来,向着太阳"。中国古代把自然环境归结为金、木、水、火、土五大要素,生态有机建筑认为:金如同人的生活空间;木是大自然中生长的植物;水是万物生命之源;火是太阳的能量;土是万物生长的根基。赖特融入自然的"有机建筑"与当今的生态可持续发展观念不谋而合。

20世纪80年代末,天津大学建筑学院新馆建成时曾把老子的《道德经》中关于空间的论述以中英文形式用铜字镶嵌在建筑入口处的外墙上,作为学习空间设计的格言,含义深远。但可惜的是,在后来建筑的装修更新时,外墙被拆除了。

三 中国的窑洞民居说明了什么是建筑空间

1 窑洞空间寓于大地之中

人类的生活与大自然密切相关,几千年以前人类就致力于利用和尊重大自然,和谐地建设他们的生活空间(图1.3)。黄土是易于切割、坚固的、冬暖夏凉的材料。窑洞是直接在黄土中开凿出来用以解决人们的生活需求、创造了居住环境与自然景观十分和谐的生活空间。居住空间是黄土中的一部分,窑洞是建筑空间不是建筑实体。中国的黄土高原上产生了窑洞民居空间艺术,这种寓于大自然之中的空间形式,处于色彩调和的阳光下富于阴影的变化。在幽静及古色古香的窑洞村镇中,不能不让人产生粗犷、淳朴、豪放的感觉,陪衬以高原景色以及那长满青苔朴素的黄土的质感的美。窑洞空间反映了建筑艺术与自然,建筑艺术与传统的关系。当然,这种具有乡土特征的窑洞空间还有它固有的美。窑洞空间中有许多形式的美,如它的地下空间的构成,它由上而下的空间布局流线组成,空间中的视觉特征,空间中的光影明暗对比,它的乡土风格和朴素的细部装修等。

窑洞空间的艺术创造,就是人对自然的一种改变,窑洞空间艺术把黄土高原上直观的大自然的美,通过人的建筑活动再编织到大自然中去。

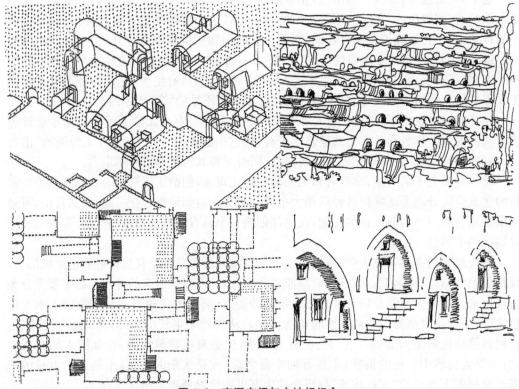

图1.3 窑洞空间与大地相组合

窑洞民居首先以人为的空间不超越于自然环境为特征,如同中国传统绘画艺术所表现的追求"虚"的意境,达到人工与自然之间的平衡。中国传统山水画中所描绘的风景建筑,都是寓于大自然之中的,与自然环境相和谐。建筑本身提供人类活动空间的各种物质形体,人为的空间和形体以及人类本身都是大自然环境中的一部分。中国古代建筑落位讲究的"阴阳风水"是环境建筑学尊崇自然的学问,这种讲究"虚实平衡"的哲学思想表现在中国传统的建筑、园林、绘画等艺术之中。传统建筑中运用的山石、树木、天井空间等,都象征着大自然,建筑则分布于自然界的层次之中。窑洞空间更是如此,是直接组合于大自然之中的穴居形式,表现了在自然中实现的建筑空间与传统思想。

2　没有建筑的建筑空间

中国的传统民居着重空间的处理,以墙和建筑围合成室外的庭院空间,以四壁和屋顶围合成室内的空间。空间这个"虚"的部分与实相对,正是人的生活活动部分,如同一只饭碗,盛饭的空间是它的使用部分,而不是碗的本身。建筑也是一样,人们活动的部分是在它"虚"的空间之中,而不是建筑的自身。建筑的空间理论反映中国古代"虚实平衡"朴素的唯物主义的哲学思想。窑洞民居是从大地中直接开拓使用空间而构成天然的院落和洞穴,而且顺应自然地势地形,创造出由上至下有层次的没有建筑的建筑空间序列,地面上的实体建筑在窑洞民居中属于次要的陪衬部分。

传统的地下窑洞空间组合,保持了北方四合院的格局,有正房、厢房、厨房和贮存粮食的仓库、饮水井和渗水井,以及饲养牲畜的棚栏,在自然环境中形成一个舒适的地下庭院。地下的空间体现了功能与材料的统一,是没有建筑的建筑空间(图1.4),在人与自然的关系中表现了人工与自然的结合,窑洞受环境和自然条件的支配,人工融于自然之中。窑洞民居彰显的不是建筑而是建筑空间。

3　渐进的层次和流线

窑洞民居的格局安排有一个自上而下的有层次的流线,这个流线在人的使用关系上是按其公共性的程度形成一个有层次的空间布局,按人的亲疏关系布置宅院。由公共性逐渐过渡到私人性渐进的布局,体现在各个不同标高水平的平面上,牲畜棚、杂屋及公共性和半公共性的空间布置在上层。卧室等最具私人性的空间布置在最下层的标高水平,与地面上的建筑布置层次相反。渐进的层次如实地反映社会与家庭生活中的交往关系。同时,在空间布局流线上也达到了有过渡关系的渐进的层次。人们由公共街道通过门洞,绕过影壁进入半公共性的内院,最后到达私人性的空间。这是一个穿过式的由上至下的流线程序,在这个流线中,有诸如花园、踏步、坡道的转折、标高与铺面材料的变换等有特色的手法(图1.5)。经过了这些空间层次,在行为心理学上比直接进入一个空间要幽静得多,使人产生明确的"到家之感"。行为建筑学认为人在街道上保持着公共性的礼仪举止,进入家门以后就亲切随便得多,窑洞民居恰恰在街道与居室之间有着一系列可以支配的过渡空间,形成空间与环境有层次的过渡。

4　明暗光影与瞬间视野

光的运用是近代建筑摩登手法,窑洞民居空间中有强烈的明暗对比,光线明暗的差异使人愿意停留,人的眼睛有天然的由暗处朝向亮处的本能。在窑洞窗前的炕上,地下过道中,火炉边,棚架门楼内,门洞的边角处等地,可以由暗处向亮处清晰地观望。窑洞空间运用明暗光影的效果,在许多明暗交替的部位创造了优美生动的院内视野景观(图1.6)。同时,环境具有以光为引导方向的特性,窑洞院落中的明暗交替引导人们由暗处走向亮处,到达最明亮的天井庭院。

窑洞中透过窗户看到的外界景象由小窗棂分隔,小窗棂遮挡了一些直接的日光,如同树叶子的光影有闪烁的动态效果,创造了室内的柔和光线。小窗棂在室内建立了黑白图案,图案的边角处加密,光线由边角处逐渐加强到窗的中部,使进入室内的光线比较柔和。

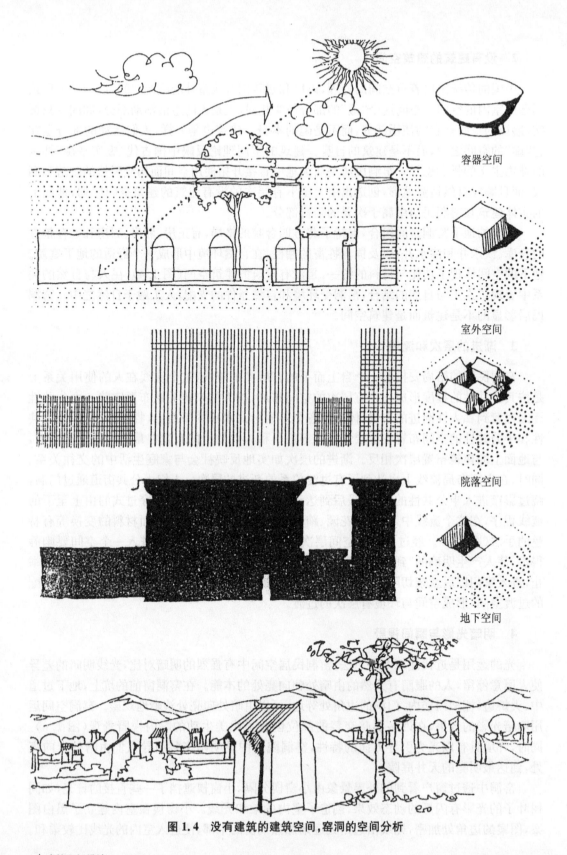

容器空间

室外空间

院落空间

地下空间

图 1.4 没有建筑的建筑空间，窑洞的空间分析

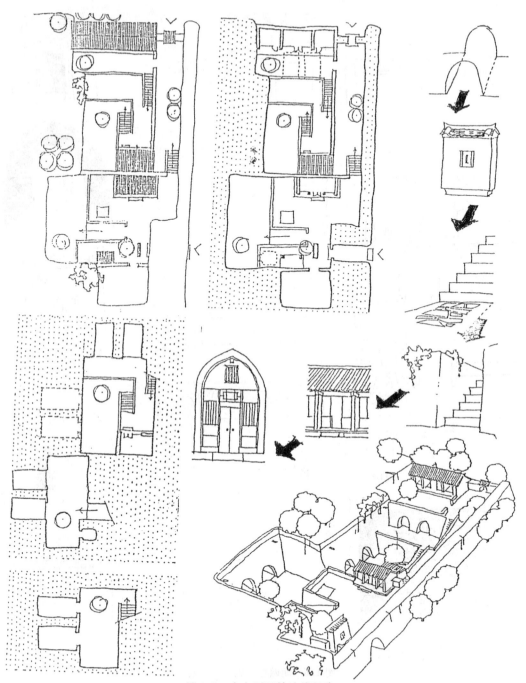

图 1.5 由上到下的流线层次

　　影壁在具有强烈光影对比的窑洞空间中增添了独特的装饰情趣,它以光影落在墙上变换的动态效果作为入口空间的装饰墙。面对着由地上进入地下庭院的黑过道,墙上饰以浮雕,树影和天井的光线落在影壁上,光影的变化丰富了墙上的装饰主题。这种光影的动态效果即建筑的第四度空间——时间性,影壁上的光影、浮雕、绿叶、天光和由门洞看过去的明暗对比，创造了生动朴素的入口装饰墙。

图 1.6 明暗变化的视觉景观

　　明暗的图案和行进中的瞬间视野景观是窑洞空间的视觉特征，当进入窑洞村镇时，窑洞是隐藏在大地和山崖之中的，只见到露出地面上的树冠和烟囱冒出来的缕缕青烟以及家家户户露在地面上的入口门楼。进入门楼，经过地道到达第二道土门洞，透过门洞见到一堵影壁，绕过影壁则会感到豁然开朗，可以仰视天空。进入室内向外望去，则是透过窗棂图案闪烁的光线看院内景色。进入庭院以后的流线过程的视线分析给人的感受是强烈的明暗对比,如图 1.7 中 A、B、C、D、E 各点的瞬间视觉的变化。进入窑洞宅院过程中瞬时而过的视野印象能够久远地留在记忆之中,这是把天然光线的明暗变化的视觉感受掌握在行进中瞬时而过的景观效果。人们走过门楼边、坡道中、楼梯上、影壁前、天井中、窑洞内,虽然看到的景观顺序瞬时而过,但其强烈的光影效果是不易在其他类型民居中所能见到的,因此必然留下深刻的印象,形成了窑洞空间中特有的视觉特征。

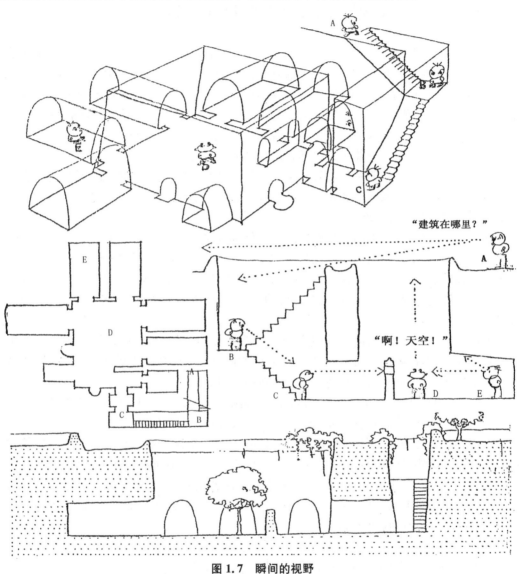

图 1.7 瞬间的视野

第二章　塑造个人空间领域是建筑空间设计的基础

一　塑造个人空间领域是建筑空间设计的基础

个人行为空间的内在范围是个人空间，个人空间领域具有私密性，这个范围属于自己，是专为个人性质的私密空间。人人都有私密性的感受，希望拥有一种经久不灭、安全、舒适、隐蔽的环境情调。这种私密性在传统的民居住宅中表现得最为明显，中国四合院住宅的秀楼布置在隐蔽的后院；泰国民居通过逐渐升高的地坪到达最私密的卧室；秘鲁的民居前室称为"沙拉"，按友人的亲疏关系自行判断与主人亲密关系的程度，进入客厅、厨房和卧室，只有直系的亲属才能走进最具私密性的领域。

居所包含着交流、亲密感和隐私。住宅中的隐私性与"沟通""控制感""认同感"有关，隐私性提供情绪发泄的场所，如哭泣、大笑、狂歌、自言自语。要保护居所隐私的权利，避免居民从窗户直接与外界联系。

人的行为理论强调，人的内部有机需求与外部社会物理环境之间有一定范围大小的关系称为领域，如个人空间的领域，群体的领域，集团、国家的空间领域，不同的人类行为有不同的领域需求。由四个垂直围合的表面所包围的领域是典型的建筑空间，领域的限定和闭合的程度与建筑空间的创造有密切的关系。氛围是沉闷还是轻松，与建筑空间的开敞程度有关。

人们塑造了建筑空间，而后建筑空间又塑造了人们。起初，人们运用各种不同的手法，通过大小和形状限定空间，寻求令人满意的空间领域。经过妥善处理的空间又巧妙地传递特定的情感信息使人感动，创造一个全新的领域。

人们生活的邻里是共享的领域，也是相互抑制的领域，公共空间中有私人隐蔽性的需求，也有政府对场所的抑制态度，例如禁止入内，或者自由参与的活动等。

人的空间尺度和比例有关，但尺度涉及具体的尺寸大小。在实践中，应考虑如何使建筑形象正确地反映建筑物的真实大小，避免大而不见其大，小而不见其小的现象，即失去了应有的尺度感。对建筑真实大小的判断的唯一标准是人体，所谓尺度即建筑的大小与人体的大小的相对关系，建筑师运用尺度的原理，可以创造出高大雄伟的、精巧亲切的等不同尺度感的建筑空间(图 2.1)。

二　建筑中的空间领域感，归属性，伞下的空间

由四个垂直围合面所包围的领域由于其开口位置与大小的不同而形成形式各异的空间景观。从城市广场、庭院到房间六面体都受环境领域所限定。开口的位置情况能够确定领域感的程度。如果被包围的领域突破了围合的空间感，而创造一种介于封闭空间与开敞空间之间的感受，它就比封闭空间轻松而又比开敞空间富于领域感。

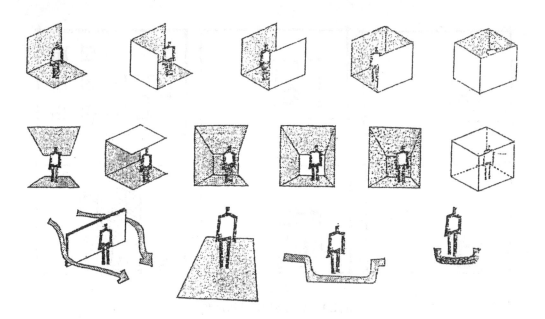

认知环境和个人空间

人的大小说明环境的尺度

尺度

图 2.1 个人空间领域和尺度

"归属性"是人的一种基本的情感需要,人们对于空间的归属感产生于空间所具有的领域感。

1 围合性

生活空间的领域感的产生,是通过空间的围合性体现的,领域必须有明确的边界,可以是实体边界,也可以是心理边界。心理边界是社会的,也是文化的,有时也是象征性的,能强调边界的特色,更能加强其识别性。

2 可控制性

对空间的自主性说明只有当一幢住房的所有者能够赋予它自己的意义时,这幢住屋才被看做是"家"。居住空间应鼓励人们表现自己,使人们参与,感到居住空间属于个人或集体,增加人们对周围的自然环境和生活环境的责任感。

3 安全性

按照人本主义和文化人类学的观点看,人类是出于自我防卫意识来界定空间的,好的居住空间能让它的拥有者在实质上或心理上有安全感。领域的拥有权会增强拥有者防卫领域的决心和能力。"可防卫空间"的概念一是领域性,在建筑布局上尽可能组成各种有领域感觉的地段;二是自然监视,当人们进入居住空间时,即处于连续被监视之中。

4 伞下的空间

一把伞,若在伞上绘有美丽的图案,涂有鲜亮的色彩,那么在这样的一把伞下,无论是避雨还是遮阳,执伞者都会在无意中感受到空间领域。空间环境中假设每一段围墙上都有绿色的藤类植物,每一座商场前都有绿色的大片栽植,道路两旁都有像雨伞那样的高大树木,穿梭于其中的每一位市民,都在树伞下的空间中心情舒畅、精神倍爽。伞下的空间没有采取更为积极、主动的态度去强调它,却获得了被动的休闲效果!

荷叶伞下的空间、树下的空间,都造成一种围合的领域,都可以构成空间中的归属性和领域感(图2.2)。

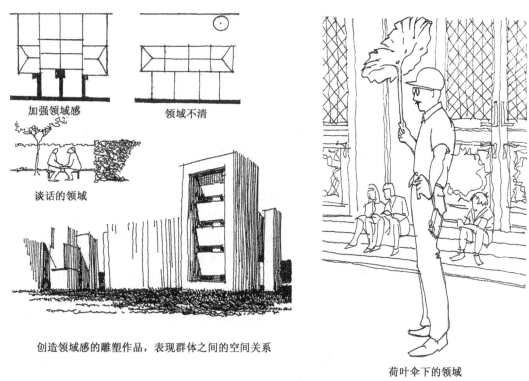

加强领域感　　　　　　领域不清

谈话的领域

创造领域感的雕塑作品,表现群体之间的空间关系

荷叶伞下的领域

图2.2　领域感

三　人对空间的心理认知

空间的可认知性是人的心理认知活动的总称。人的认知空间是接受信息的历程,在城市与建筑设计中运用建筑符号学(Semiology)来传达认知的含义。建筑设计中强调有磁力的可认知的空间与建筑是思考和索解问题表达意象的过程,也是设计师与公众心理活动的对话与沟通。设计师与使用者在认知上存在立意与解读关系,设计师从空间的形式、色彩、光感、材料、构造等知觉的角度表达空间设计意象,使用者从联想的角度对空间中与立面上的信息进行筛选并解读。当设计师与使用者远非同一类型的认知群体时,这一沟通就显得尤为重要。许多建筑的外号,如"鸟巢""大裤衩""水煮鸡蛋""秋裤"等都是认知上的差异。

城市中主要的可认知空间既是可见可闻可感的建筑围合空间,也是人们可体验的生活空间。在认知空间的同时,人们还与建筑形象进行情感交流,这个过程就是阅读、了解、感受空间与建筑,最终认知空间与建筑是否有吸引力。

空间的可识别性包括两个方面:一方面是建筑本身客观固有的特征,称物质流。另一方面是人为的、主观的识别性,称意识流。建筑的形体和立面是生活空间诸多要素中最基本的识别元素,建筑的形、色、光、材质,形成建筑美的主要视觉感受。例如上海的里弄空间形塑了上海老城的基底,不认知上海的里弄空间就无法认知老上海;北京的四合院空间、天津的小洋楼空间特点也是如此。天津的老城厢的空间肌理已经全部被拆除了,面目全非,无法认知。

1 对建筑空间的认知过程,建筑空间在时间中展现

人对生活空间中的建筑认知是在心理认知基础上感受建筑符号的联想产生的。建筑是生活空间中的主角。建筑的可识别性往往表现在立面上。立面上的色彩、质感和肌理,要有合适的尺度,要有合适的封闭与开放的程度,要有设计师与使用者双向交流可沟通的符号语言。中国传统的意象空间和建筑立面都有深刻的思维和联想的表现,如风水理论选址中的四合院入口,守礼重道儒家思想的建筑空间格局,院落层次,修身济世的书院空间环境营造,天人合一崇尚自然的园林景观,都是建筑设计空间意象的典范。

西方建筑的空间意象虽然常有不错的外表形式,但缺少精神意蕴。纽约、东京的高楼群从整体上来说毫无空间意象可言。上海陆家嘴的可识别意象在哪里?上海新天地的可认知识别性仅存在于保留的石库门、老宅遗存。全盘西化的趋势使当代中国城市空间的可识别性丧失,缺乏对城市历史文化的挖掘就无法塑造出有地域特色的建筑空间,使建筑空间在城市中失去外部空间环境的依托。照抄照搬现象加剧了城市历史传统文化的断流,如天津老城厢的大拆大改。新建的台儿庄古镇却是一项好的范例。当传统历史事件的体验在个人的记忆之中出现时,人们会触景生情,产生联想。当人们见到"小桥流水人家"就会联想到江南水乡,谈到土楼民居就会联想到福建的圆形土楼,体现可认知的建筑空间意象。

建筑空间的认知被人近距离的活动所接受,对空间的认知不只是通过眼睛。盲人步行者在空间的活动情形与对空间的感受是在时间的展现中认知的。事物不可能在瞬间同时表现其各个特征,而是在过程中一一展现出来,只有过程才能把握事物认知的本质与规律。人对建筑的认知是建立在思维基础之上的,思维本身也是一个由低级到高级的认知过程。建筑师在进行建筑创作时,也有与观赏者相似的思维过程,而且经过多次比较,无论他持何种理论观点,他的设计总是表现为一个过程。另一方面,从建筑来看,其不仅具有展示性符号的特征,而且具有推理性符号的特征。因此,对其理解与欣赏必然也是一个过程,所以建筑空间设计重要的不在于理论的条框,而在于设计观念的表达过程,建筑师首先要感动了自己才能感动别人。

设计建筑空间要有情感的效应,这些效应主要有情绪、情调、移情效应。情绪的情景性强,持续时间短,容易因环境的变化而变化。例如在进入中国的庙宇之前,自有一种超脱之意,使人的情绪为之一变。情调效应提供某种生活方式相联系的情绪体验,例如深圳华侨城建筑及景观有异国情调;明孝陵之陈旧有苍古之情调;罗马的广场有历史情调等。移情效应虽然有片面性与主观性,但仍可解释某些微妙的情景交融现象。人的情感、情绪、心境可以使空间环境"染色",环境又可改变影响人的情绪、情感、心境。建筑师把情感融入自己的作品,才能创造富有情感和表情的建筑空间。

对于城市中心综合使用的空间概念是在中心街区之中,建立新与旧搭调的空间意象。如美国芝加哥市的马利纳城(Marina City)建筑,组合了游船、旅店、商店、停车场和公寓于一体,把老区的商业中心文脉以多水平的交通体制——水、道路和铁路组织在一起。伦敦

的堤岸(Embankment)广场的发展计划在铁路车站上建立一个巨大的块体办公楼,沿着泰晤士河的一边组合了商店、餐馆、重建的剧场和夜总会以及环绕着的步行系统,综合使用的空间在时间中一一展现。

2 建筑空间中的空间感、认同感、象征性

建筑空间与实体互为依存,互为图底,人们谈论空间时实际是以实体为背景,谈论实体时则以空间为背景。建筑空间的性质由墙—界面—内外变化的节点所决定,地板、墙面、屋顶之类的实体界面经围合而形成建筑的内部空间,界面内侧的形状就是室内空间的形式,界面的特征就是空间的特征。在围合出内部空间的同时,界面还不可避免地塑造出外部空间的形体并限定它,外部形体随之而来。建筑空间的性质是自然空间中的光、热和各种气体分子经过适当调整后的情形。建筑在内部体验时为空间,在外部体验时则为实体。建筑空间的诸多层次从外到内是一个由空间—实体—空间—实体变换的过程。

生活空间有象征性(认同感),人类将环境象征化,目的是与环境产生"认同",就是使环境和其中的人有机结合而赋予环境与个人同一特性。当人们感到环境表达了自己的生活愿望,他就会感到温馨舒适。象征是通过建筑语言来实现的,创造建筑空间就意味着把生活的理想形式结合在环境中,建筑就是人将其对自然(包含本身)的理解象征化。而建筑师的任务就是创造那种具有象征特征的空间场所。

在建筑空间设计中,象征是运用符号和标志。象征在建筑空间中是直接和人的联想有关的极为有用的手段,能够提供一种隐喻的力量。象征性不是随意性的符号,而是陈述某种特定的含义。象征主义建筑属于晚期摩登主义,是雕塑型建筑,夸张和直喻是其显著特点,始于20世纪60年代,带有表现主义倾向。它运用薄壳、悬索等大跨度结构体系,其成功的设计往往是外形与结构的完美统一。它的单纯而又直观的空间形态往往引起人们的丰富联想,曲线、曲面、重叠、力的表现和音乐般的旋律与节奏均可创造出高度的审美情感。它充分运用混凝土的可塑性,以其巨大的空间体量和形态比喻的雕塑特性,使建筑空间成为一座纪念碑。其中,最具代表性的建筑是埃罗·沙里宁的作品,如TWA航空港,像是一只正要起飞的鸟。悉尼歌剧院像条白色的帆船,也是象征主义的作品。象征主义的作品是用建筑空间语言解说的最基本捷径。

四 空间中行为的评估,人的行为尺度限定建筑空间

1 人的行为限定建筑空间

空间环境影响人类的行为,在空间设计中要研究人的行为。在设计中运用行为科学,满足人类自然本能的需要,如私密和安全的需求,都是建筑空间设计所关注之处。人以各种行为参与社会活动,人的行为与人的性格也密切相关,发于"内"而见于"外",即人的性格表现在他的行为举止上,"言为心声""言行一致",构成人的行为美。广义的行为包括日常生活、社会活动等许多方面,都具有社会意义。建筑空间设计所关心的行为评估,带有广义性,包括研究人的思想、爱好、态度、作风、举止等影响规划布局与建筑设计的行为要素(图2.3),统称行为建筑学。

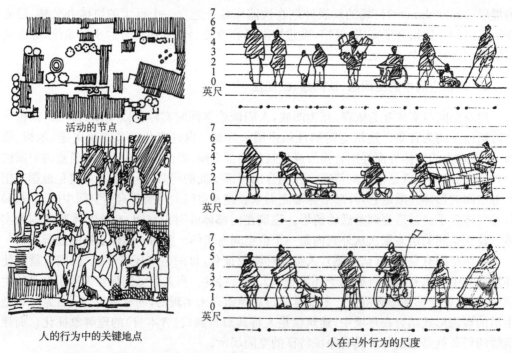

活动的节点

人的行为中的关键地点

人在户外行为的尺度

图 2.3 空间中行为的评估,人的行为尺度限定建筑空间

任何建筑都要考虑以下的几种行为特征:

（1）友谊的建立

例如两家合一的楼梯、平台可视为邻里交往的场所。教学楼的宽走道是学生等待换教室时的交往空间。

（2）空间中的成员组合与划分

教学建筑中考虑研讨会（Seminar）时分组的分与合的灵活性布局,宴会厅中考虑分桌与合桌的组合灵活性。

（3）建筑中恰当的个人空间的领域

人际亲密的距离,个人间的距离,组团间的距离,公共场合的距离,社会活动的行为距离。

（4）行为个性领域

建筑中私人财产领域的占有,集体领域的占有,个体与个体之间的空间领域的界定,领域的边界,组团的领域,空间交替的领域,时间不同领域责任感的建立。

（5）人际交流的建立

灯光与座位的合理安排为交流创造理想的条件,某些情况灯光要照亮人的脸部,并提供良好的视听条件。标示和信号是建筑中的交流信息,提示这是什么,电话或厕所在哪里,我怎样进去,里面是什么,我将如何被别人接待等。

（6）安全感

提供各种危险发生时的清楚的指示,对落物的危险、碰撞的危险、偶发的事故有所警觉才会使人感到安全。

2 行为理论、私密性、情事节点与亲密空间

需要创造使人感到亲切的空间环境,例如现代戏剧发展的亲切剧场,岛式、半岛式舞台的重新兴起,使演员与观众之间亲密无间,好像演员就来自观众之中(图2.4)。亲密性是人类行为的一种生物形态学,行为越是亲密,它所引起的情感就越强烈,德国的科隆大教堂高大而庄重,神圣而遥远,而现代人的宗教观念需要更多的亲和感,因此,科隆大教堂把高高的尖顶装饰摆在教堂入口广场上,让人们走近它、触及它,使教堂与人之间产生了亲切感,改善了过于庄重和疏远的气氛。商业环境也要求有亲密感的交易场合,有利于招揽生意,增加营业,甚至声音和气味也能标示出亲密行为的范围。

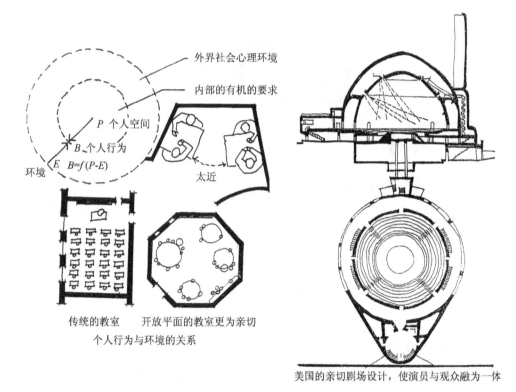

图2.4 行为理论——亲密性

每个人的人生历程中都有过谈情说爱的经验,虽然亲情与爱情充满人间,但最令人怀念的是青年时代的恋情生活。大学校园中的情侣们需要情事节点和亲密空间。学校的周围必然兴起供学生们消费的各种商业文娱设施,售卖鲜花、礼品、贺卡。在校园的内部也应该为青年们创造交友、约会的空间场所。校园中的亲密空间指"花前月下"的场所,也就是校园里适合男女学生谈情说爱的空间。应该具备的条件是环境好、临水或有较多的绿化,有可长时间休息的座椅、台阶。最重要的是私密性好,受外界干扰少,有树木遮挡、灯光昏暗的场所往往最受情侣们欢迎。

过去上海城市的居住空间十分拥挤,身居斗室缺少城市中的交往空间。年轻人的情事活动都集中在外滩的江边上,沿着岸边排满着一对对的情侣,尤其是夏季的傍晚,成为上海的一道风景线。至今,外滩仍是城市中理想的情事节点和亲密空间。再看天津的海

河边上的绿带,栏板设计没有考虑朋友们可倚可靠的谈话的合适尺度和断面,所以留不住往来的行人。美好的亲密空间必然都有其良好的环境因素,最重要的是自然条件的优美,池塘边、江边、密林之中……建筑师要关注人类情感空间的需求,创造优美的情事节点和亲密空间。在曲折的公园小路边上,只要留出一些凹入的小空间,布置座椅和遮阳的大树,就给人们创造了私密性的亲密空间(图2.5)。

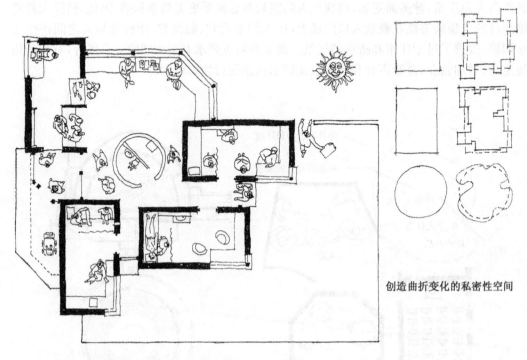

创造曲折变化的私密性空间

英国牛津郡一个手术室平面图图示人的行为与私密性

图2.5　行为理论——私密性

3　公共性、社会交往

公共性又称开放性,它是相对私密性而言的,凡是人流集散的空间和场所必定具有公共性。因为人是社会动物,他既有权利爱别人,又需得到别人的爱。因此,人类行为离不开公共交往活动。从原始部落的狩猎者进化至今,人类正处在一个盲目扩展的群体社会里,设计好公共性场所的意义在于创造与健全人际关系。在拥挤不堪的城市空间中,人与人之间的亲密关系受到影响,甚至出现深深的裂痕。城市的公共性空间环境完美,有利于人际关系的改善。公众参与是搞好规划设计的重要一环。

游人在人行道上散步;孩子们在门前嬉戏;石凳和台阶上有人小憩;迎面相遇路人打招呼;邮递员在递送邮件;三五成群的人们在聊着什么……这些社会性的活动和邻里的交往频率与建筑空间布局有关,建筑师、规划师可以为更加广泛的交往机会创造条件。居住小区中,公共空间的分级划分反映了社会组群的分级划分。家庭成员在起居室相聚,住宅组团居民相聚在小广场,住区居民相聚在大街上。居住小区的结构布局和建筑空间设计,反映了社会结构及社会交往(图2.6)。建立起一系列户内外空间的交往区域,形成居民亲密和熟悉的环境,使居民相互了解,加强了对外人的警觉和对集体的责任感,使"社区属于我"!

图 2.6　剧场休息厅中的公共空间

4　童年的游戏行为,幼儿的空间

几乎每个人都曾在幼儿园中度过一段美好的童年时光,幼儿在这一时期对空间事物形成初始的概念。幼儿以自身为标尺对空间产生认识,是直观二维的,没有所谓的透视。在儿童的绘画中对空间的认识是客观而直观的。成年以后,生活纷繁复杂,人们对事物的认识渗入了很多主观性,其实是不准确的。在色彩的使用上,要给幼儿以生机盎然、积极向上的感受,带动其欢快的情绪。多使用明亮的色彩,运用红、黄、蓝等鲜亮色彩为基色,为幼儿创造一个五彩斑斓的世界。设计师的环境设计大多只是根据主观思想创造出来的,不应以成人的空间观去处理幼儿活动的空间形态。真实、丰富的图形、图案能激发幼儿的空间想象,幼儿的设施应相对小巧简单。

童年是人生的幸福时刻,人人对自己的童年都有甜蜜的记忆。人们对生活区中最深刻的印象是那里的儿童游戏设施。在此嬉戏的儿童的欢乐程度是居民生活区生活质量的表现。

儿童宁愿待在大人的房中,也不愿独自待在只有玩具的房中,最感兴趣的是各类空间中所发生的各种人的活动,而不是建筑空间本身。幼儿天真无邪,对世间万物抱有美好的向往,要为他们创造一个宽敞、明朗、极富遐想的空间环境。

儿童的游戏分为角色游戏、教学游戏和活动游戏。这三种游戏占儿童活动的大部分时间,当然成年人又有成年人喜欢的游戏。在生活居住区中,儿童的户外活动分为同龄聚集性的、季节性的、时间性的、自我为中心性的。年龄的组成要区分为 2 周岁以下、2—6 周岁、7—12 周岁、13—15 周岁,其中以 13—15 周岁为儿童场地设施的主体。儿童游戏场地的规划与设计分住宅庭院内部的、住宅组团内部的、居住小区中心的、居住区中心的、公园内的、专门的儿童公园及游乐场、特殊用地内的儿童游戏场。

5　休闲、漫步的行走空间

休闲境界属心理环境范畴，人们在物理环境中，当将景象有意识地注入思想中时，会借助心灵的力量对景象进行取舍，然后确立其在整个思想中的位置，这就是休闲境界。境界并非层次，没有高低之分，仅有大小之别，因为它意指一个范围或面积。任何景象若未经心灵的取舍而被摄入思想仅是记忆的片段，而不构成境界。人借助心灵的力量，可以无限地扩大境界，从而得到丰富的生命体验，休闲的境界由环境而来，同时又倾注于环境之中。休闲环境创造者必须拥有更多的境界，以便在其作品中创造更为丰富的境界。境界独立于一切物质之外，不受知识、财富、权力、文化、地理、民族甚至时代的限制和约束，它是一个设在人类心灵深处永不更易的美地。

主动的休闲娱乐区是居民区中重要的服务空间。不同的休闲娱乐区域标准也不一样。一般供6—12岁儿童使用的休闲游戏空间为0.5公顷/1 000人，步行距离最好是500米以内，不宜超过1 000米。一般的小学校也要包含休闲游戏场，每1 000名学生需0.2公顷。设有私人庭园的住宅需要考虑2—6岁儿童的游戏场，每人约5平方米。供居民休闲娱乐的设施多种多样，有室内的、户外的、平日的、假日的、当地的或远程的，例如步行道就是一种。被动式的休闲空间是让人们不知不觉地达到休闲的目的，更为人们所喜爱(图2.7)。

行走是人们主要的休闲活动的方式，人们有时会匆匆忙忙地跑过或走过，有时则悠然地散步、乘车、开车，这些全都离不开行走空间。对散步的行走空间来说，要处理好：(1)道路周围的景色，要有美的效果。(2)与路况的好坏有关，人们散步往往选择路况好的步道。干净、防水、防滑是重要的因素。(3)注意地面、路面材料的选择，色彩、花纹、文字符号、质感都会吸引人的注意力，路面材料可保证空间的连续之感，另外还应加强行走空间的层次性。

街是走人的，路是行车的，街道的作用应是多样的。现代主义最大的失败就是失去了休闲的街道，而当代规划思想都非常重视"重新发现街道"。要保证街道的连续特性，道路不宜过宽，交叉不宜过多，邻里内部以步行、自行车交通为主。街道还应有安全、接触和同化孩子三大功能。

为了解决人车分流和可达性的矛盾，近年来，有关人士又进行人车合流的庭院式道路设计，使车行、步行两种行为方式得以共存，使各种类型的道路使用者都能公平地使用道路。

6　逛街购物，骑楼步行空间

能让人散步和逛街的空间应具有公共性和亲密性双重属性。它既是内部空间的延伸，又是外部空间的内部过渡。这种空间能让人体验与环境和社会联系的心理感受。

例如：(1)传统城镇中的深街密巷，多为宅间的交通空间，强调急步穿过的领域感；(2)生活区内的步行街、里弄、组团道路，设计的重点是其细部造型，在尺度上要使宅前道路、庭院设施与住宅融为整体；(3)商业步行街，要提供安全的散步和观览的场所，但人流不要超过环境的容量而使人感到拥挤；(4)景观道路以及文化中心的散步步道，供人们散步和游览。

图 2.7 休闲境界,漫步的行走空间

　　顾客对待商店的行为以及参加其他社会活动都有许多共同的特点,商业空间也是一种社会交流场所。

　　商店设计首先要有明显的入口标示,某些购物行为要提供必要的等待座位,要为儿童、老年人和残障人士提供不同形式的服务。

人们喜欢精美的食物,生活中的食品服务必须建立完善的、清洁的流线。餐饮场所要提供足够的等候空间,并能看得见饮食区域,餐馆中的桌子摆设也提供居民之间社交活动的空间场所。

人们如何购物,他们喜欢在何处坐、立和交谈,在何处集群或独立徘徊,这些都是设计者应该考虑的问题。当今城市旧城区的商业街仍然是郊区居民的购物热点,各类的活动要求使商业中心增建了许多内容,如电影院、银行、邮局、旅馆和文化设施,以保障消费市场需求,故商业中心选用越来越大的流通空间。由于新建的购物区不能达到旧城自发性的商业活动活力,区域性的购物中心有开发旧购物区的趋势,如二手货商店、便利店、仓储店、咖啡店、折扣商店、酒吧、公交车站、廉价馆舍、低承租的地下空间及步行商业街。

步行商业街是当今人们喜爱的购物环境。近来各地相继出现了许多步行商业街,多属于自然发展而形成的。步行商业街相对于大型商场而言尺度宜人,给顾客提供了理想的游览、休闲、购物的空间场所:(1)步行商业街的格局应主次分明,统一协调,仅限于步行者购物。由于人流比较集中,容易使道路和广场变得混乱,因此步行商业街的规划在形态和规模上要考虑其文化品质。(2)步行商业街内部应设置各种设施以便于购物、休息、交流等行为,缓解过分拥挤的人流,满足人们的多种需求,创造轻松、愉快、舒适的商业环境。

骑楼是具有南方地方特色的商业街形式,由于气候炎热多雨,岭南一带的沿街建筑,二层以上贴道路边线而过,一层店铺退让靠里,留出宽度约3米的人行长廊为骑楼空间,行人穿行其中,逛街无雨打日晒之虑。骑楼内是一种温馨宜人的过渡性空间,较之各地的现代化大型购物商场、商业中心区,是极富人情味的商业空间。在骑楼中,人与人的距离保持在2米以内,小空间尺度使人容易互相感受,能把握环境的整体和细部,合适的尺度自然而亲切,过大的尺度如匆匆过客,冷漠无情。骑楼下的店面开间约6米以内,小尺度的分割可加深人的感受强度,使人看到整体又能看清细节。骑楼提供了适合步行的空间,行人可从一侧体会亲切可接近的感受,另一侧可纵览街道的开放空间景观。骑楼还提供了非私密、非公共的柔性边界,承转连接的空间过渡,骑楼下面是最富人情味的商业空间。

五 空间中的意与境、超越

“境”(外界景物)与“意”(内心情感)。中国古典美学常常是以作品有无意境来衡量艺术的优劣。中国传统文人哲匠的理想和美学境界正是契合这种“意”与“境”之间的心理状态,巧妙地做到“意”与“境”合,使审美的主客体融为一体。物我贯通,从而进入空间艺术中的大化之境。关注人性、关注自然和社会本质,决定了中国古典人文和艺术从本质到形式都是自由的。从有限的空间中追求无限,从而创造出动人心魄的境界之美,正是中国文化和美学传统的精髓所在。旧时乡间普遍存在戏台、宗祠以及庙宇等乡土建筑形式。渐渐成为历史陈迹的建筑都曾是人们广泛交往和传承文化信息的重要载体,是所有经历往事的“精神标本”,在乡间野外看戏、逛庙会的种种趣味,戏里的热闹情节和戏外的玩耍与人情交织,建筑内外热闹繁杂的虚拟空间是境与意的交融。

在当今建筑界,超越可以说是“将自我提升至现实以外之境界”的动力,这种动力来自将个人视野扩大到自我之外、文化之外、样式之外或区域性构造习性之外的一种内在渴望,从而寻得建筑空间和造型的不朽。因为这种超越的境界非常抽象,所以难以捉摸。但在建筑空间中的超越并不像部分人所想象的仅仅是一种抽象的视觉形式。在建筑空间领域的超越，应是指一个工作思考的过程，而不是这个过程所导致的视觉形式。追求建筑空间的超越性，并不是苦思冥想出一种扬弃现有传统观点的形式，而是追求一种态度，一种高度成熟的能够解决建筑空间课题的方法。

解构主义也说，他们就是对大自然的超越，对传统建筑的超越，不是考虑视觉形象，而是工作思考的过程。

第三章 建筑形式与建筑空间

一 建筑空间的外在形式与内部的空间限定,形式与功能对立的统一

埃德蒙·培根在《城市设计》一书中写道:"建筑形式是体量与空间的联系点……建筑形式、质感、材料、光与影的调节、色彩、所有要素汇集在一起,就能够表达空间的品质或精神。建筑的品质决定于设计者运用和综合处理这些要素的能力,室内空间和外部空间都是如此。"程大锦在《建筑形式、空间和秩序》一书中写道:"空间连续不断地包围着我们。通过空间的容积我们进行活动、观察形体、听到声音、感受清风、闻到百花盛开的芳香。空间是由形式组成的实实在在的物质。然而空间是不定型的,它的视觉形式、量度和尺度、光线特征都依赖于人们的感知,即人们对于形体要素所限定的空间界限和感知。当空间被形式的体量要素所捕获、围合塑造和组成时,建筑就产生了。"

人对建筑产生的形式感,客观上来源于建筑形式,来源于建筑美的基本法则的运用。在各个时代、各个民族、各个类型的建筑中,建筑的形式美法则不外是形体、色彩、质感的组织安排。体的尺度、面的比例、透视的夸张与校正,色调的协调与互补,序列组合中的闭敞、对比、韵律、穿插等,都存在着一定的客观法则。19 世纪德国浪漫主义艺术家中流行所谓"建筑是凝固的音乐,音乐是流动的建筑"的说法,形象地说明了建筑的形式美,由具体的美的形式转化为抽象的美的感觉,因而具有空间中的形式感。

限定空间的要素有很多,如垂直表面限定的空间,地平面限定的空间,天花板限定的空间,连续的表面限定的空间。空间的限定是图形、形式、形成空间与背景的关系,建筑设计中的空间理论使建筑师致力于采用多种多样的方法限定室内和室外的空间。

二 形式限定空间,建筑空间的限定要素

古典主义把建筑视为由六面体围合的房间。摩登运动之后发展了建筑空间理论,空间则是由内部和外部物体围合而成。建筑大师赖特的有机建筑理论,发展了建筑设计中室内与室外空间的交替与渗透。由此,空间的限定突破了六面体的概念,空间可以由各种面和线所限定,也可以由在地面上划分的范围所限定,由上部的天花板或装饰所限定,空间还可以由连续的表面所限定,进而产生了空间的流动感。空间是评价环境景观设计质量的重要因素。在现代建筑中,以赖特为代表的"道法自然",要求依照大自然所启示的道理行事,但又不是模仿自然,由于自然界是有机的,故取名为"有机建筑"。赖特倡导着眼于内部空间效果进行设计,"有生于无,无中生有",建筑从属于空间。设计中力图把室内空间向外伸展,又把大自然的景色引入室内,发挥材料的天然性质。装饰不应是外加上的东西,要做得像建筑中生长出来的那样自然,就像花从树上生长出来一样。这种思潮接受了浪漫主义的某些积极方面,给建筑带来了生气(图 3.1)。

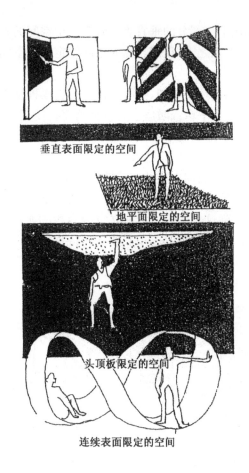

垂直表面限定的空间

地平面限定的空间

头顶板限定的空间

连续表面限定的空间

FIGURE 图形 ⟷ GROUND 背景

SPACE 空间 ⟷ FORM 形式

空间的限定

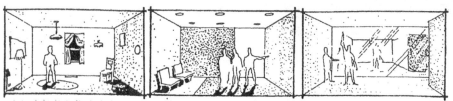

空间中的独立物体彼此无关　水平空间由地面和天花板所限定透明体产生水平与垂直空间的交替

图3.1　空间的外在形式与内部的限定

1　水平要素限定的空间

（1）基面

基面抬起，水平面抬到基面以上，在水平面的边界可生成若干个垂直表面，可强化该领域与周围地段之间的分离感。

基面下沉,可利用下沉部分的垂直表面限定一个空间的容积。

顶面是水平面位头顶之上,顶面与地面之间限定一个空间的容积。

（2）基面抬高

在抬高的空间与周围环境之间,空间与视觉的连续程度取决高程变化的尺度,地面的一部分升起来就形成一个平台或墩座。有意抬高建筑使其高于周围环境或者强化其在地景中的形象。

（3）基面下沉

下沉区域和高起地带周围之间的连续性取决于高程变化的尺度,下沉区域可以中断地面或楼面,但依旧保持为周围整体的一部分。增加下沉区域的深度会削弱这部分与外围空间的关系,同时加强这一区域作为独立空间容积的明确性。一旦原来的基面高出人们的视平面时,下沉区域本身会变成一个独立而特别的地下空间。从一个高程到另一个高程,创造一种阶梯状的,台地式的或坡道式的转换,有助于增进下沉空间和周围高起区域之间的连续性(图3.2)。

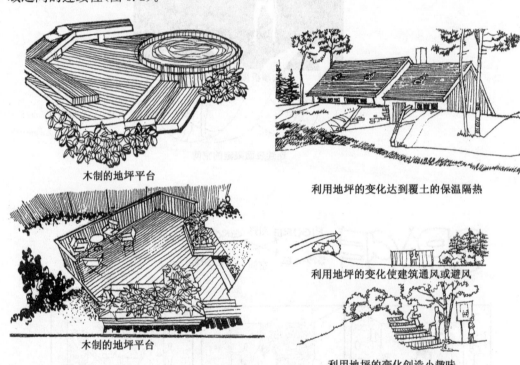

木制的地坪平台

利用地坪的变化达到覆土的保温隔热

木制的地坪平台

利用地坪的变化使建筑通风或避风

利用地坪的变化创造小趣味

图3.2　水平要素限定的空间——地面

（4）顶面

建筑物的主要顶部要素是屋面,屋面的形式决定其结构体系的材料、几何形式、比例,以及结构体系将荷载穿越空间传到其支撑构件上的传力方式。

天棚不仅是限定空间的水平要素,而且是空间中重要的装饰部分,如果加入玻璃天光,更有光影的效果。建筑中的天顶画或顶光是室内空间艺术处理的重点和高潮,每当人们通过序列空间之后,到达主体的拱顶空间,或者有图案画的天顶之下,会掩饰不住内心的激动。许多伟大的历史性建筑的天顶都给人以壮观的感受(图3.3)。天顶的空间艺术效果好像是展开想象的音乐高潮,因此天顶的美如同无声的音乐,有的华丽、有的雄伟、有的和谐而幽静。天顶设计大多统一于简单的几何形体之中,正方体、球体、三棱体、圆柱体、锥体,各有其特定的控制力。

天棚和地坪的变化是水平要素限定空间的要素,地坪高低的变化能创造出特殊的环境意境。降低建筑物前广场的标高,可以下降人的视点而显得建筑物很高大;提高建筑物台基的地坪,可以使建筑更雄伟;把室外地坪与室内地坪连通一气,可以获得室内外空间的流动感。地坪高低的变化也是室内划分区域,限定空间场所的手法,把地坪的变化与天花吊顶的变化相呼应,能创造出富于情趣的空间感受。因地制宜地利用自然地形,设计建筑地坪的变化,可增加建筑的自然优势。

美国内布拉斯加林肯市议会大厅中马赛克的天顶画　　柏林索尼中心的膜结构采光天顶

图 3.3　水平要素限定的空间——天棚

2　垂直要素限定的空间

在人们的视野中,垂直形体比水平面出现得更多,有助于限定一个离散的空间容积,为其中的人们提供围合感与私密性。垂直形体还用于把一个空间和另一个空间分离开,在室内和室外环境之间形成一个公共边界。

（1）垂直线式要素

垂直线要素如一根柱子,一座方尖碑或一座塔,它们在地面上确立一个点,在空间中令人注目。一个细长的线要素孤立地竖直向上,除了引领人们通向其空间位置的轨迹外,是没有方向性的,经过它可以做出任意数量的水平轴,当一根柱子定位于一个限定的空间容积中时,它会在自身周围产生一个空间领域,并与空间的围护物相互作用。当柱子位于空间中心,柱子本身将确立这领域的中心。

线式要素可限定出那些需要与周围环境保持视觉与空间连续性的空间边界,两根柱子之间的视觉张力形成一层透明的空间膜。三根或多根柱子可以用来限定空间容积的转角。

可以采用明确的基面,在柱子之间搭上横梁或顶面,以形成其上部边界,从视觉上加强空间容积的边缘,沿空间周边设置重复的柱要素系列将进一步加强容积的限定。

（2）独立垂直面

当垂直面约2米高时可以限定空间领域的边缘,同时保持着与周围视觉的连续性。当齐腰高时,垂直面开始产生一种围合感。当接近人们视线高度时,就开始将一个空间与另一个空间分隔开来。当超过人的身高时,就打断了两个领域之间视觉与空间的连续性并提供强烈的围护感。垂直面的表面色彩、质感和图案,影响人们对视觉质量、尺度和比例的感知。

（3）面的L形造型

L形的垂直面从它的转角处沿对角线向外划定一个空间区域。从转角处向外运动时,这个区域就迅速消失了。该领域在内角处,呈内向性,而沿其外缘则变成外向的,如果转角处的一侧引入一个空当,则领域的界限会被削弱,两个面会彼此分离。一座建筑物可以具有L形的造型,从而形成基地的一个角,围起一片与室内空间相关的室外空间领域或挡住这一部分室外空间,使其与周围不理想的条件隔离开。平面的L形造型是稳定的,可以独立于空间之中。它们可以彼此结合,或者与其他形式要素相结合,限定各种富于变化的空间。

（4）平行的垂直面

一对平行的垂直面之间限定的空间领域敞开的两端是由面的垂直边缘形成的,赋予空间一种强烈的方向感。基本方向沿着两个面的对称轴,由于平行面不相交,不能形成交角,不能包围这一领域,所以空间是外向性的沿图形开放端的空间限定,可以通过处理基面成为图形增加顶面要素的方法,使其从视觉上得到加强。将基面延伸到图形的开放墙以外可以扩大空间领域的平行面,如一对平行的内墙,街道空间,藤架,两排树木,地景中的自然地形等。成组的平行面可以变成多种多样的造型。

3 曲面空间,连续的表面

垂直的U形造型限定的空间,包括垂直的、连续的曲面,它有一个内向的焦点,方向朝内或朝外,在造型的封闭墙内或连续的表面内,该空间得到很好的界定。朝着造型的开放端,该领域具有外向性。开放端是这种空间的基本特征(图3.4)。

2015年新建的新加坡南洋大学校园中树立起的一座巨大的由曲面空间组合的学习大楼,窗间由铜质幕墙组成,内部围合成天光曲线形的中央大厅,学生们的学习和工作室围绕着光亮的天光大厅,充满着学生们之间的合作气氛。学习大楼占地2 000平方米,建筑面积14 000平方米,共8层,高38.3米,由赫斯维克工作室(Heatherwick Studio)设计(图3.5)。

4 围合空间,开与合,围与透

（1）围合空间

四个垂直面围绕一个空间领域是最为典型的空间限定方式。明确限定和围合的空间领域从大型的城市广场到庭院空间以至建筑综合体中的独立大厅室内都有被运用。

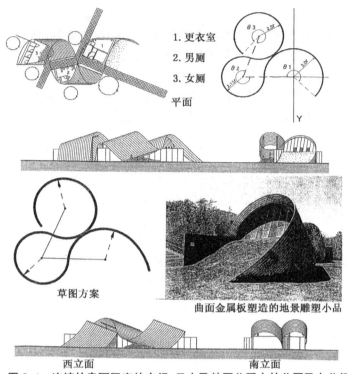

1. 更衣室
2. 男厕
3. 女厕

平面

草图方案

曲面金属板塑造的地景雕塑小品

西立面   南立面

图 3.4　连续的表面限定的空间：日本及韩国公园中的公厕及办公间

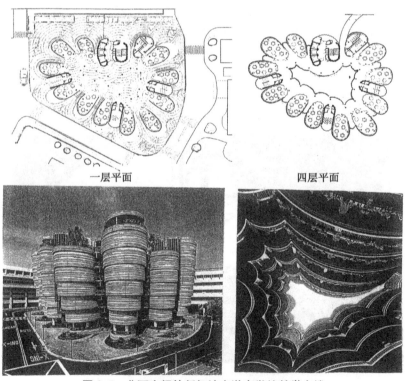

一层平面   四层平面

图 3.5　曲面空间的新加坡南洋大学的教学大楼

（2）开与合

借助于开阔的大自然视野景观和围合的封闭小空间而形成对比效果，即开与合的设计手法。开与合是建筑布局和美化环境的传统手法之一。例如，中国江南民居中常有开放的庭园视景(图3.6)。人们经过层层的封合院落之后，突然见到小空间开阔景观，会感到豁然开朗，小巧的景致显得格外清新辽阔。这就是开与合对比手法在园林设计中的成功运用。中国传统园林中的"小中见大""借景""开阔景观与闭锁景观的对比设计"等，都是开与合设计手法的运用。

（3）围与透

围合的内院是中国建筑格局的特点之一，它可提供安静幽雅的环境。有人把中国传统建筑的特征归结为墙的运用，以墙围合形成院落，划分空间，创造情趣。虽然中国建筑的单体常常是单一体形和程式化的平面，但是在建筑与墙的围合中能创造出空间与层次的变化，就像运用灵活隔断自由划分的室内空间一样。围中有透，透景好像一幅天然的图画，以围划分空间领域，以透引入外部景物。在中国传统园林中，人们经常可以见到设在墙上的透景花窗的运用。在现代建筑中，设计光的空透效果也是围与透产生的光对比手法之运用。

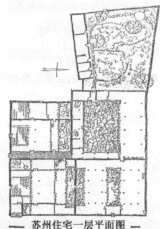 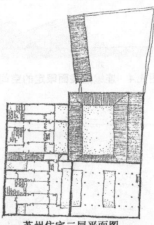

苏州住宅一层平面图 ── 苏州住宅二层平面图 ──

江南民居中天井院的空透效果
图3.6 开与合，围与透

三 建筑空间的类型

1 空间的类型

空间有物质存在的广延性。空间包括向心的焦点式空间,区域性空间,由边墙形成的方向性的空间。限定空间的要素多种多样,空间之间有互相连接的体制,有由各种功能所限定的空间,空间还可以划分为垂直的、水平的、彼此层次交错的,等等。

由建筑形成的外部空间有许多种类型,创造在空间中有焦点的开阔空间是建筑群体设计中常用的手法(图3.7)。在有焦点的开阔空间中,有面向外部三面围合的空间;也有以线为引导至焦点的连续式开阔空间。利用建筑的边角组合,把空间中的视线焦点若隐若现地布置,创造一种隐藏焦点式的空间,使人们在连续的空间中不时地发现新的视觉焦点,使空间产生富于变化的情趣。欧洲中世纪的街巷布局有不少这种空间处理实例。

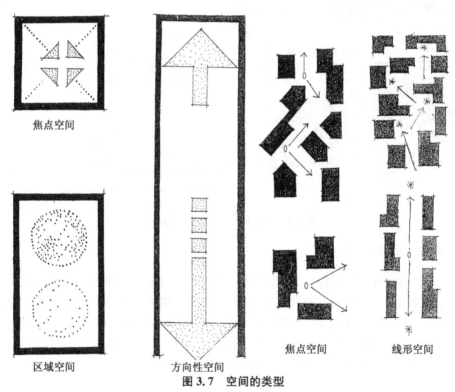

焦点空间　　　　区域空间　　　　方向性空间　　　　焦点空间　　　　线形空间

图3.7　空间的类型

2 方向性空间,底景和轴线

自古以来,宏伟的底景是建筑家创造环境景观最常用的手法,但遗憾的是,近代建筑师们过分强调自我表现意识而忽视环境的整体性,在许多城市建设中把原有城市中宏伟的底景埋没在杂乱的楼海之中,破坏了景观。在城市的改建中,要关注保护那些历史性的底景建筑,如巴黎、华盛顿、莫斯科等历史文化名城,至今保持着城市中精心安排的宏伟的底景(图 3.8)。然而,也有许多城市的轴线和底景已经消失,或被破坏,如哈尔滨的喇嘛台,天津的马哥波罗广场,北京的天宁寺塔等。

封闭的底景不同于宏伟的底景,它运用封闭的外围环境反衬出底景的重要性,是有效强调重点景观的手法。封闭的底景景观是中心透视法在空间中的运用。在这种空间设计中,主要以建筑之间的距离、方向及大小的关系为依据。古代人没有空间一词,但希腊人心目中的空间,实际上就是建筑的位置、距离、范围和体积。封闭的底景是在中心透视的空间中,加强基本点的处理手法,特别是导向建筑的入口,达到具有纪念性的雕塑式的重点景观。

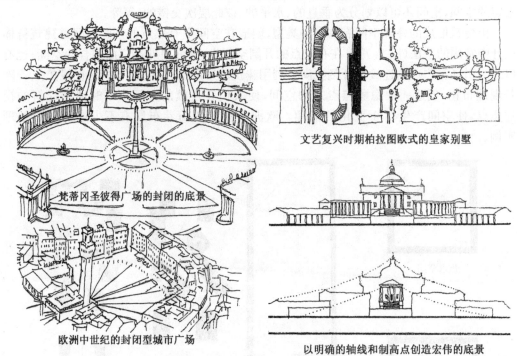

文艺复兴时期柏拉图欧式的皇家别墅

梵蒂冈圣彼得广场的封闭的底景

欧洲中世纪的封闭型城市广场

以明确的轴线和制高点创造宏伟的底景

图 3.8　方向性空间,底景和轴线

3　流线空间,通过,连续性

当人迷路的时候,建筑师马上就会想到:在城市中,建筑布局的流线组织该是多么重要。明确的流线使人们心中如同有一幅地图,自然而然地引导你到要去的地方。因此,任何环境中都必须有表达通顺而明确的流线体制。组织城市与建筑的流线时,要以主体建筑为核心,形成连续的流线,再通过下一个次要流线空间,每个流线空间之间,空间流线之后,应与下一个区域有明确的联系。在组织流线中,每一部分应有自己的称呼,以便人们找到要去的地方。

人们由一种性质的场所进入另一种性质的场所时,要有一个通过感的过渡,如门楼、门洞、牌楼、出口和入口等。通过一系列必须穿过的处理得当的程序,能增加环境的特色、加深人们"通过"的印象。通过的标志是空间之间的过渡形式,例如由公共性街道通过门楼到达内院,门楼的过渡作用加深了人们心理上的"到家之感"(图 3.9)。因为,人在街道上保持的是公共性的行为举止,通过门楼之后,则改变为进入了私密性空间之中的私密性的行为举止,这就是"通过"在人们的行为心理上留下的意义。

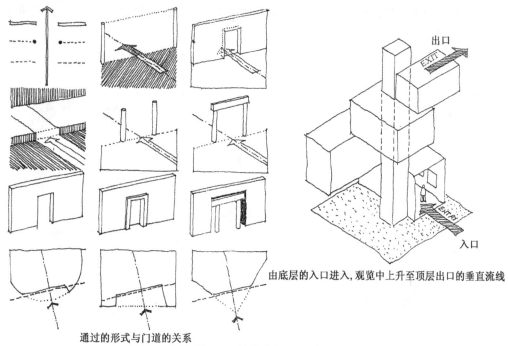

出口

入口

由底层的入口进入,观览中上升至顶层出口的垂直流线

通过的形式与门道的关系

图 3.9　流线空间和通过

　　一个完善的整体之中的各部分必须连续地结合在一起,如果任何一部分被删去或移动位置,就失去了连续性。如果整体中的某些部分可有可无,它就不是整体中真正的一部分。各部分之间靠连续性结为整体,因此连续性也是体现形式美的手段,是环境构图中的一项基本要素。我们所说环境景观中的连续性不仅是形象上的,还是感觉中的。连续性产生第四度空间——时间性。在连续性构图中,有空间序列组织,空间之间的连续,墙面、地面、顶棚、室内外的光与色、影的连续等。

4　并置形成的轴线空间

　　并置的物体具有强烈的导向作用,笔直的道路必然引向一个入口。道路有两个方向,即是并置的概念。如果道路两侧建筑的入口略作倾斜,则可使入口显得更为明显。如果建筑的入口隐藏在道路的一边,人们会认为道路必定是回旋通过建筑物后面的入口,因为人们总是根据并置的观念认识外围环境。因此,并置是环境空间设计中用来强调某一部分的重要手法,常被用来加强建筑某一部分的重要性,如建筑的入口,以及形成或强调轴线等(图 3.10)。

　　在建筑中最重要的组织空间和形式莫过于轴线。轴线贯穿于两点之间,围绕着轴线布置的空间和形式可能是规则的或不规则的。虽然轴线看不见,但却强烈地存在于人们的感觉之中。沿着人的视觉轴线有深度感和方向感,轴线的终端指引着方向,轴线的深度及其平面与立面的边角轮廓决定了轴线的空间领域。轴线也是构成对称的要素,轴线也可以转折,产生次要的辅助轴线。运用轴线组织与安排城市以及建筑的景观构图,可以达到环境设计的完整统一。

　　北京故宫的中轴线将人引入丰富变化的并置关系之中,中轴线长达 7.5 千米,1406

年形成。纵观南北建筑高低错落有致,空间有收有放,充满节奏韵律感,沿轴线对称布置即属并置空间的基本形式(图 3.11)。

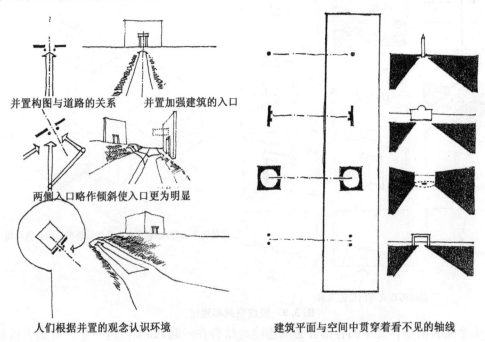

并置构图与道路的关系　　　并置加强建筑的入口

两侧入口略作倾斜使入口更为明显

人们根据并置的观念认识环境　　　建筑平面与空间中贯穿着看不见的轴线

图 3.10　并置形成的轴线空间

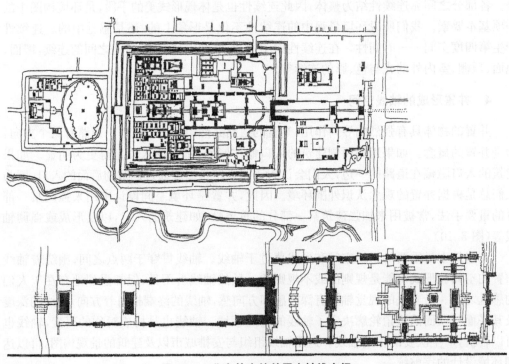

图 3.11　北京故宫的并置中轴线空间

有 570 年历史的北京故宫建筑群独具匠心的空间布局,在营造震撼人心的艺术氛围和渲染强烈的情感效果方面是成功的典范。其连续的综合印象极为壮丽恢宏,以闭合空间为单元,以各院落的空间变化对比产生不同的气氛。故宫从大清门至太和殿,先后通过 5 座门,6 个闭合空间,总长约 1 700 米,其中 3 处空间高潮,分别为天安门、午门、太和殿。进大清门、千步廊之后,是横向展开的广场。天安门前的金水河桥和华表、石狮,鲜明地衬托出门楼基座,形成第一个感人的空间高潮。进入天安门顿为收敛,雄伟的午门有肃杀压抑的气氛,构成第二个空间高潮。午门与太和门之间横向的广庭舒展而开旷,经太和门入太和殿前广场,宏伟庄严,形成第三个空间高潮,达到了空间转换中的时空境界。

5　地下空间

为了解决地球上生态环境不断恶化的趋势,经济技术发达的国家首先开发了地下空间和覆土建筑。利用现代科学技术手段使地下的生存空间具有良好的通风采光等物理效应,再加上现代化的生活设备,使室内冬暖夏凉,外部则利用顶部土进行绿化。发展地下空间对于保护自然环境、促进生态平衡、节约能源等方面非常有利。地下建筑的平面、入口、采光、设备通风等设计特征与地面建筑很不相同。地下空间展示了建筑学发展的未来方向。

对不同标高地形的地下空间,在坡形地段的地下空间,以及全部埋在地下的地下空间各有不同的处理手法。美国建筑师沙利文设想的球形的地下空间寓于大地风景之中(图3.12)。

地下覆土建筑着重空间的处理,例如中国的地下窑洞民居,保持了中国传统四合院的格局,有正房、厢房、厨房、仓库、饮水井、渗水井以及饲养牲畜的栏棚,在自然环境中形成一个舒适的地下庭院。地下空间体现了功能与材料的统一,是没有建筑的建筑空间。它在人与自然的关系中表现了人工与自然的结合。窑洞受环境和自然条件的支配,人工融于自然之中。在人们与传统关系之中,它表现了传统民居的格局、风格特点和崇尚自然的哲学思想。但是,我们要明确的是窑洞民居不是建筑而是建筑空间。

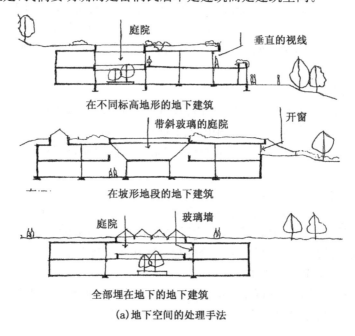

在不同标高地形的地下建筑

在坡形地段的地下建筑

全部埋在地下的地下建筑

(a)地下空间的处理手法

美国建筑师沙利文设想的在密苏里州的未
来建筑应作成球形的空间寓于大地之中。

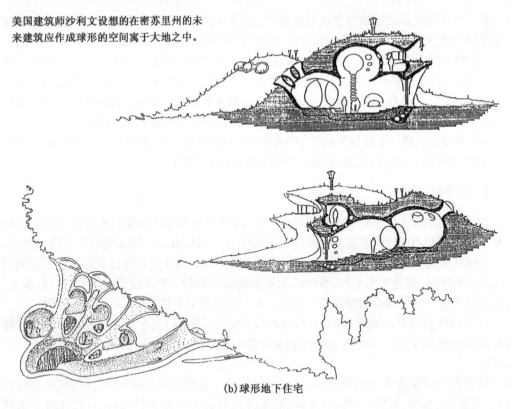

(b)球形地下住宅

图 3.12　地下空间

6　功能空间

两千年前,老子在《道德经》中提出"无"才是使用空间,有功能的作用。这正是近代建筑理论中的功能空间论,建筑的功能部分不在于建筑本身,而在于建筑所形成的空间。建筑空间论代替了传统的建筑六面体的房间概念,功能空间的形式取决于人的行为环境的要求。有由建筑结构空间所形成的形式,也有预想的、理想的、舒适的空间形式,还有强制式的空间形式(图 3.13)。

(1) 武断式空间

武断式空间是按人活动的小的尺度安排设计的空间尺寸,取得最经济合理的功能效果,如人们的洗浴空间、火车卧铺车厢中的上下铺位的空间尺寸、飞机上的厕所等都是武断式的不得自由活动的空间,这种空间设计受到某种条件限制,必须要节约每一尺寸,不能浪费。

(2) 由结构形成的空间形式

在许多大跨度结构或特殊功能需求的建筑空间中,结构合理是最重要的设计要素,建筑空间要服从结构的需要,例如影剧院的设计,要容纳一定规模的观众厅空间,以及舞台布景上下升降需求的高大空间形成的大跨度观众厅和厢式舞台形式。

(3) 根据需要决定的舒适空间

根据需要设计的舒适空间以空间的舒适性为主,其他设计要素都要服从于空间的舒适性,例如淋浴空间要适合淋浴中各种动作的舒适性要求。

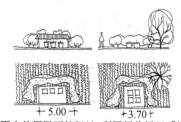

用绿化围合的居民区垃圾站,利用绿化避风或遮挡视线

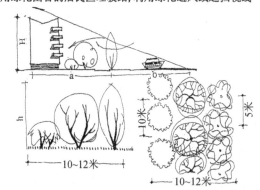

居民区的沿街绿化种植按高度布置,取得合理的功能效果

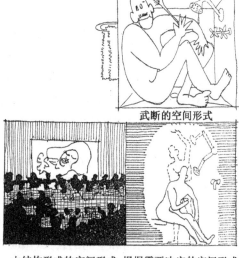

武断的空间形式

由结构形成的空间形式　根据需要决定的空间形式

图 3.13　功能空间

第四章　第四度空间:时间性

一　时间和空间,建筑空间在时间中体验

空间和时间是一切实在与之相关联的构架,人们只有在空间和时间的条件下才能设想任何真实的事物。时间和空间的限定是建筑设计的尺度。空间和时间经验的各种形式不是在同一个水平上的;低级的层次为有机体的空间和时间,每一个有机体都生活在某种时间、空间的环境之中;高级的层次则是知觉的空间,并非简单的感应材料,而是包含视觉、触觉、听觉,以及动觉的成分在内。空间是人们的"外经验"形式,时间是人们的"内经验"形式,它们有着共同的背景,时间和空间是人类的文化现象,当然也有建筑环境的基本含义。

赖特设计的纽约古根汉姆美术馆,是一组层层上升扩展的动态圆周,反映出时间在空间中的领域,艺术展览厅内以盘旋而上的大坡道展出美术作品,圆形的天井上大下小,体现了建筑环境中时间和空间的含义(图4.1)。

古根汉姆美术馆由四层的办公楼与六层的陈列空间以及地下的报告厅组成。陈列空间是一个圆形大厅,直径30.5米,上面各层实际上是长431米的螺旋形坡道展览廊。螺旋坡道环绕大厅而上,底层坡道宽约5米,直径28米左右,以上逐渐向外加大直径,到顶层直径39米,坡道宽约10米,可同时容纳1 500人参观。人们进入大厅乘半圆形的电梯直登顶层,然后沿螺旋坡道向下参观。这座建筑的空间处理可以体验到建筑空间在时间中的展现。

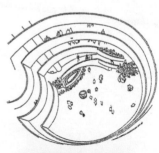

层层上升扩展的动态圆周,
反映出对时间因素的领悟

艺术展览厅内以盘旋的大坡道展出美术作品, 圆形天井上大下小

图4.1　时间和空间

1 空间的四维界面,时间性

时间因素包括时期、季节、时刻……在建筑设计中是不可忽视的。同一个建筑,一年四季,风光各异。同一个人在不同时期,对同一建筑的理解也有很大差异。一个春日的正午,走进大厅,一大片阳光痛快地泻了进来,像是步入了充满光线的大厅。第二次再去,是一个雨天,周围湿湿的气息袭来,见到的是完全相反的景象,陷入了一种犹豫和迷惑之中,走到上次站立的地方,没有了阳光,四周显得平和而宁静,没有了那火红的光线,只有模糊了的天空和老墙。时间在这两次的空间体验中起到了重要的作用。不同的时间延长了同一空间中的感受,并将继续延长下去。时间把人、建筑、环境之间的关系变得紧密、漫长,难以摆脱。

时间是空间的流程,空间是时间的容器,时间是空间的历史,空间是时间的天地。空间无边无际,时间无始无终,空间有大有小,时间有长有短。从建筑的功能使用空间到心理空间直到人性空间,人们的需求在不断提升。

空间中人的活动是空间具有某种特性的根本原因,人的活动是无处不在的空间内容。胡同里踢球的小学生们把只具有交通功能的路径变成了休闲运动空间。空间本身是模糊的概念,是虚幻的存在,因为人的活动而使空间具有了实在的意义。人对空间的理解改变了,空间就自然而然随之发生转变,关键是注入其中的情感是什么。

中国古典园林的"步移景异",巧妙地、不留痕迹地调动观赏者的情绪,步履之间,游廊曲折,小径蜿蜒,时而仅容一身,时而别有洞天,起、承、转、合……留给赏园者最完美的空间印象。赏园的过程是个发现并享受美的过程,景窗对游历过程中发现美起了提示作用。曲折幽静的长廊与院墙或邻近的厅堂围合成小小的"哑巴院",几根瘦竹,几块小石或一株芭蕉,足以让赏园者有惊喜的发现。景园中丰富的层次,不用"步移",景同样"异",在时间的因素中有晨昏、四季之变化,如雷峰夕照、断桥残雪、三潭印月、南屏晚钟……时间参与进来,于是,古典园林"心与境契"。

中国园林设计中的"步移景异",时空结合,强调的是空间设计中的动静结合,转换空间作为联系相关空间的节点。设计中应具有流动性,即与被联系空间互相渗透,相互延伸,形成"流动空间"。转换空间不应是一个静态的空间,而应该是一个动态的、可展示的空间。

2 实空观与虚空观

建筑立面只是包容空间的一层外膜,它的精髓在于内部空间的变化与组合,只有深入其中才能悟到其意境和魅力,时间因素发挥了重要作用。中国建筑以空间规模巨大、平面铺开、相互连接的群体取胜,把空间布局转化为时间的进程。天井的阳光、芭蕉、梅、兰、竹、菊都具有感情色彩。墙上明与暗的交替、光影的变幻、室内外场景的互相渗透,空间随时间的进程而呈现不同的美感。信息社会的到来,技术的进步,使得人们对建筑空间的理解已不再局限于平面的流动空间。立体的动态空间,其不定性、移义性,使时间在空间的构成中发挥越来越大的作用。打破水平与垂直、人工与自然的界限,空间还可以立体地流动。阳光、绿地、空间与建筑、建筑与环境之间不断地转换、构成新奇的景观特点,塑造一个虚实、动静、时空变化着的新颖的建筑形象。

空间之变化,其本质表现为个人内心的精神与情感:(1) 虚与实,疏密相间,虚实相生,互为转化,留给人以想象、记忆。(2)静与动,由动入静方可养心、怡情、畅神。(3)净与杂,空间的纯,方能"净",既纯且明。"杂"的世俗也是人追求的另一种意趣,净杂、雅摸,使人恍如隔世之感。(4)物与境,境有物境、情境、意境,强调境在于物是指实境,强调境在于心是指虚境,建筑实体空间、造型给人以实境,隐含的寓意、象征、精神境界的升华,这是虚境。

近代抽象派造型艺术家追求构成的时间性,出现了许多表现四维空间的绘画与雕塑作品。立体派的艺术图形,能使人们从观赏中得到感情共鸣的时间延续性,即创造了形体的三维之外的时间性,这就是形体的第四维空间。例如一幅立体派的油画《静物》,其捉摸不定的阴影表现了许多物体在不同时间的光影变化,富于想象力的时间性。想象力和形体的三维可以构成建筑,而后导出第四维——时间。建筑师安藤忠雄设计的许多住宅和"风、水、光"教堂三部曲,好像将时间寓于建筑的踏步、墙板、隔断、光影和天空与水面之中,完成了四维空间的美妙组合。

承德避暑山庄中的文津阁是清代的书院,纪晓岚曾在此组织编写《四库全书》,那里有一处白天可以水中望月的奇景。南面假山石的阴影落在水池上面,阴暗的池水面上有一个圆的光点,由假山石的一处孔洞投下的光点,倒影于水池之中,像是水中的月亮(图 4.2),这个虚幻的景象不知是设计安排的还是后来偶然发现的。

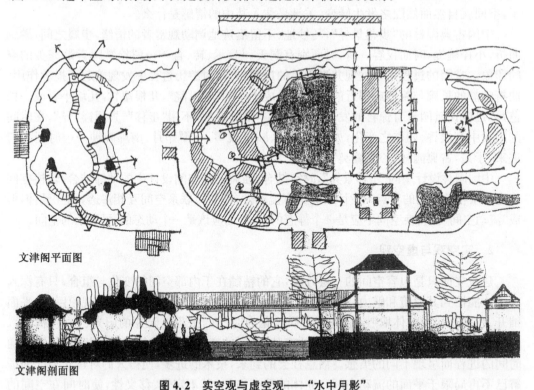

文津阁平面图

文津阁剖面图

图 4.2 实空观与虚空观——"水中月影"

二 过渡空间,空间的渗透与因借

空间之间的过渡有四种形式:(1)可通过可见的空间,如由中间体分割的两个空间;

（2）可通过不可见的空间，暗门、隐藏的门属这种情况；（3）可见到而不能通过的空间，如壕沟、棚栏及各种窗户；（4）看不见又不能通过的空间，只是感知的空间边界。以中央空间为正空间，以周围的次空间为负空间，过渡空间序列组织可有：从正空间到正空间的过渡；从静态空间到动态空间的过渡；从动态空间到动态空间的过渡；从动态正空间到静态正空间的过渡；从正空间到负空间的过渡；从负空间到负空间的过渡；从负空间到正空间的过渡；从动态负空间到静态负空间的过渡；从动态负空间到动态负空间的过渡；从静态负空间到动态负空间的过渡。贝聿铭设计的北京香山饭店，通过一系列过渡空间的组合，最后看到主景——香山花园。

如何形成空间之间的渗透，又如何控制其彼此的相互因借，关键在于围护面的虚实设计。不能形成围护领域就无所谓空间的层次，围护面过于实化就不能产生空间的渗透。要虚中有实，虚实相生，实中有虚，实边漏虚。山西平遥民居，从外面看威严高大，整齐端庄，进院里看，富丽堂皇，井然有序。住在一个封闭式的院子里，自然有一种悠然自得的气氛。建筑通过檐廊的转化和渗透，进入处于中轴线末端的室内——整个四合院的精神中心，暗示一种"向心性"，家族的内聚力转换为空间的内聚力。江苏的花厅民居，内天井和室外庭园的小景之间的空间渗透，凝聚了人们"天人合一"融于自然的居住模式，找到了理想的居住情感空间。

1 灰空间、暗空间、软环境

（1）灰空间

灰空间也是过渡空间，阳台是建筑中的一个灰空间。所谓灰空间，就是建筑物中某些带有敞开式的部分与外部环境直接沟通而形成的过渡空间。其实，中国建筑中的亭、台、榭、廊等都含有或大或小的灰空间，西方楼宇的阳台便是最常见的形式。中国城市中带阳台的居民楼随着居民的入住，阳台被封闭起来，成为一间带窗的小屋，入住者的眼里是容不下灰空间的。朝南的阳台可作为花池，爬藤植物在风中摇摆，使室内阳光变化无穷，可谓美不胜收。灰空间——阳台应是居住空间中最富自然气息的一角。

过渡空间、灰空间是情感空间转换的重要因素，过渡空间是形成空间整体性的必要条件。过渡空间可把不同功能性质的空间衔接起来，过渡空间也有利于充分利用土地。过渡空间能给人以心理的暗示与心理准备。

（2）暗空间

在黑暗空间中，人对空间的认知已失去了物理性的概念，视觉上无所依托，使人感到茫然，由于失去参照和坐标，黑暗就充分发挥了对心理想象的诱导作用。以色列耶路撒冷"二战"屠杀纪念馆，以昏暗光线为主调，幽暗的大厅、低矮的通道、漆黑的展厅背景，以强烈的暗空间震撼着观者。古代的宗教场所、陵墓也充分运用黑暗空间使人产生丰富的想象。由于黑暗减少了外界条件的影响，单一、纯净的空间使人进入内心深处。黑暗并不是光明的缺席，而是一种独立存在的实体，所以在照明设计中，设计阴影就是设计灯光。

柏林的犹太人博物馆的展览空间，核心是黑色部分的封闭天井，白色部分为展示空间，对比鲜明。最后通达的神圣塔，让人在高 20 米的圆形烟囱的黑色空间之中静立沉思，回忆参观的经历，离塔时以沉重的大门声响加深人们印象和感受作为结束。

丹尼尔·里伯斯基设计的柏林犹太人博物馆是闻名世界的情感建筑(图4.3),充分运用黑暗空间及灰空间和坡地走道的隐象诱导式的平面曲折布局,令人产生丰富的想象,渲染神秘的空间环境。从暗空间与人的关系来看,当把环境中的人从部分转为整体时,在黑暗空间中,由于减少了外界条件的影响,单一纯净的空间环境使人进入内心深处,感受内心的变化。由于层次不同,着眼点不一样,黑暗空间对人的情感产生的影响也不尽相同,不论是外界条件的影响还是自身的沉思,黑暗空间对情感的触动都是强烈的。参观完博物馆之后,人们进入一间竖直的黑暗的烟囱内,关闭大门的一声巨响,使人们如同在黑暗的井底沉思。

博物馆近旁有一处室外的霍夫曼花园,方格形的斜坡地面布满规则的方柱,间距相等,由于地面是斜的,柱子是垂直的,人们穿行其间,感到头昏眼花,必然走到栏板处沉思休息片刻,产生无限的联想。这表现的是犹太人在世界上步履艰难的人生道路,每根方柱上面都有一棵小树,表示犹太人在世界各地都能生根成长。

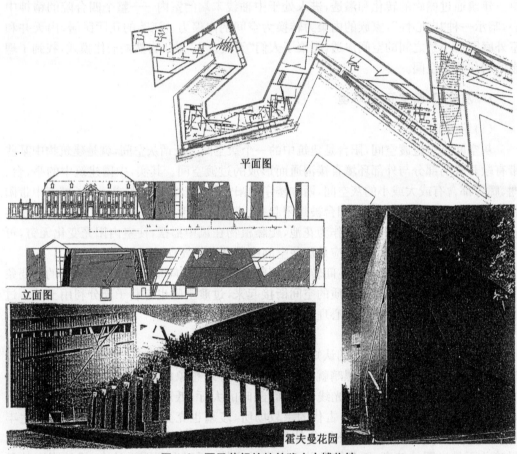

平面图

立面图

霍夫曼花园

图 4.3 冥思苦想的柏林犹太人博物馆

(3)软环境

软环境是非预想得到的额外或附加的休闲,这一例子在我们的日常生活中随手可得。如商家营业时播放一些优美的乐曲,可以缓解顾客的疲劳,营造和谐、舒适的购物环境。又如在餐厅中悬挂淡雅的装饰画、摆放盆花,就能使人们置身于恬静的气氛之中,增加食欲。

人类对舒适的认知,无非是对真实的、亲近的、安全的事物的认同,因此需要做的无非是从人的本性出发,营造一种被普遍接受的熟悉环境。软环境在生活中无处不在,为人们营造一种更舒适,更和谐,亲近自然的生活、工作环境。

2 模糊空间,微环境,朦胧之美

(1)模糊空间

模糊性空间领域,即亦此亦彼的中介性空间领域,由室内空间与室外空间两大部分含糊不清而构成。从室外环境分析,外檐、骑楼、檐下,以及入口广场、步道、建筑转角处的退让空间,均构成室外的边缘性空间;复合性空间是由建筑组群围合而成的复合空间;立体空间是由空中地面地下转乘系统联合一体的网络空间。从室内空间分析模糊空间领域体现为内庭空间,包括中庭、内厅、过厅、通过的交叉及转折处的非线性节点和路标空间。廊道空间,包括水平和垂直的通道,具有指向性和传导性。内庭空间与廊道空间可融于一体,构成室内的模糊空间。

膜材料的诞生和应用使半透明的模糊空间成为当代建筑空间表现的重点。当建筑表皮透明时,视觉上的内外视觉消失了,建筑表皮成为一个抽象的概念。运用玻璃砖表面,当其半透明时,内外的区分感觉是模糊的,内和外既连续又区分,如玻璃砖、磨砂玻璃、穿孔金属板、金属丝网、合成膜、多层透明材料的结合等,都有半透明的效果。

北京国家游泳中心水立方的表皮以象征水分子网状结构,加上六边形的膜材料表面组合,收到了完美的效果,使建筑空间呈现方整而富有变化的层次关系。德国慕尼黑安联球场,由菱形的元素构成一种无限延伸的表面视感,建筑形态浑然一体,壮观大气。

创造模糊空间,超透明则是一种包括透明和不透明的第三种状态,是现象透明和感觉透明的综合体验。将非传统材料如水和水雾作为建筑立面,模糊性的程度将随体验方式而发生变化。瑞士伊凡登勒邦2002年兴建了一处水雾模糊观景台,是瑞士博览会的展览亭,平台伸入湖畔水中,立面材料是雾。建筑的形态是高压喷出的变幻的水汽,经过人工智能气候控制系统,形成巨大的云雾态空间,外部是不确定的、不定型的、虚幻的造型,内部则是无形式、无深度、无体量、无表面、无尺度的模糊与混沌的空间。

美国阿肯色州的荆棘冠教堂是一座感人至深的作品。这座木结构教堂是完美的美国现代高直式教堂,由四面大玻璃围合的全木结构空间,地处一处荒野林木之中,木屋架的构件透过玻璃与外围的林木相间。内部的十字架形灯饰,在黄昏时刻辉映于对面的玻璃映象之中,步移景动,好像外部林木中的十字架形灵火在闪动,产生一种神秘的虚幻之感,使人犹如身处野外的幽灵星火之中。这是美妙虚幻的空间设计,奇妙无比的模糊性幻觉空间。作品获得了1990年美国建筑师协会(AIA)金奖。

(2)微环境

微环境是最贴近人的环境部分,室内外的各种设施、家具、艺术品等均构成微环境与整体环境的配合,塑造出细腻的情感。通过众多的细节的酝酿而汇集起来的微环境,可见老子语"治大国若烹小鲜"。即使一把明式椅,一件精美的用具也充分表现人的情感,而成为人的一个生活空间,一个舞台,一个表达情感的环境。微环境的有机组合,不是一两种形态元素孤立的"自我表现",要时时考虑到外围相互制约与渗透的整体环境,才有情感的感染力。如在乡土建筑中体现了人们怀旧、追求乡土情调的情感要求,乡土民居中的用具和器物均构成民居中乡土风格与倾向的特异性,其共同之处在于注重情感空间塑造的风格整体性。

(3) 朦胧之美

成都道是天津租界区中保留较为完整的建筑街区,尺度宜人,风格各异。夜晚闪烁明暗的灯光,配上那活泼跳跃、沉静优雅的绚丽色彩,营造出独具特色的城市气息。冬季雾夜是另一种美。行走在浓雾之中,两侧高高的路灯,孤高而冷傲,但便道上那有间隔、有韵律的西洋古典庭院式街灯却恰好照亮行人头顶上的一小片空间,使人倍感亲切与温暖。灯柱似乎散发着水汽,黑得那么凝重,磨砂玻璃灯罩被映衬得更加柔和。灯光照射下的冬青演绎出冬夜中盎然的春意,与其后面的木质格窗中透出的朦胧灯光,告诉路人这是一个温暖的家。成都道另一特色是装修别致的店面,均为欧式古典建筑装饰风格,精心设计了霓虹灯招牌的形式与色彩,咖啡屋、酒吧间、西餐厅,合适地散落在街道上。从雾气之中远望,依稀可辨的只有那曲折起伏、高低错落的轮廓线,像剪纸一样贴在浓雾的朦胧背景上。是童话还是遥远的伦敦或巴黎的街道? 由于浓雾而变得神秘,朦胧的城市空间之美,让你在寒风中也感受到空间中的温馨与祥和(图 4.4)。

三　流动空间与动感视觉

在环境景观中,动势是不动之动,不动之动是艺术品中的一种重要的性质。其实,人们观赏景观是看不到真正的运动的,人们看到的仅仅是视觉形状向某些方向上的倾向或集聚,它们传递的是一种力的存在。"联想说"认为这是由于经验的联想产生的,对不动的物体加之以动势。任何物体,只要显示出类似楔形的轨迹,倾斜的方向、模糊的或明暗相同的表面知觉特征等,就会给人以动势的印象。

运动是视觉最容易强烈注意到的现象,越是小动物越对运动全神贯注。人们爱看活动广告是由于人类的眼睛受到运动的吸引。运动意味着环境的变化,如同事件总是比事物更容易引起人们本能的反应,因此把雕塑或绘画等物做成活动的事件来处理,就更加具有吸引力。事件的意义并非运动本身,而是运动中的变化。时间是衡量变化的尺子,因为时间能描述变化,没有变化也就无所谓时间。因此,运动寓于时间之中,现代建筑理论的第四度空间——时间性,包含着建筑中的运动概念,观赏者在建筑中得到运动的感受(图 4.5)。

现代主义大师们发展了赖特流动空间的理论,流动空间不仅是室内外空间的交融与流通,还是进一步追求变化的曲面和奇异的造型所引发的视觉动感。像解构主义大师彼得·艾森曼(Peter Eisenman)、扎哈·哈迪德(Zaha Hadid)等人的作品都在追求那种分层的空间与交替的布局,以表现视觉的运动与变化,他们以一系列断裂的面去营造建筑的整个场地,从而使作品的空间抽象化。

然而其中的螺旋形曾被赖特发现是自然界中常见的一种形态组织方式,并有着精确的数学原理,螺旋形的空间通过构成元素的动态旋转而产生。1949 年赖特设计的古根海姆美术博物馆以圆形为母题,交通与展室兼用的螺旋形大坡道盘旋而上,转六圈后止于玻璃天棚之下,形成一个高大的共享空间。简单地运用连续旋转的操作,就获得了惊人的动感造型。因此,在当代新潮的建筑空间形态中,采用旋转法生成的案例层出不穷。

半透明的
现代茶室

1 茶室　2 准备室

日本的充气膜面茶室

模糊性空间

朦胧之美

图 4.4　模糊空间,软环境,朦胧之美

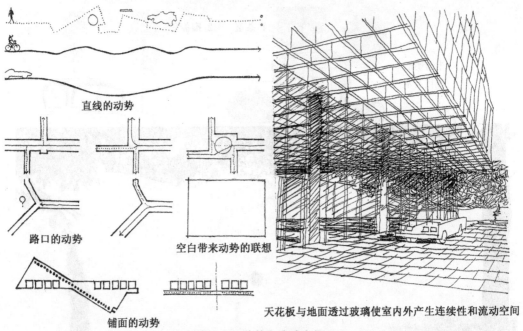

直线的动势

路口的动势

空白带来动势的联想

铺面的动势

天花板与地面透过玻璃使室内外产生连续性和流动空间

图 4.5 动势和流动空间

德国斯图加特的奔驰汽车博物馆由 UN 工作室设计,是博物馆学的新发展,斯图加特汽车博物馆把几个放射的螺旋形空间组合为一体,创造了全新的博物馆建筑新类型。建筑设计构思从一开始就探求采用圆形表面的现代体量解决博物馆的功能问题、外形问题和建筑处理本身的问题。博物馆的平面没有直线,建筑表达圆形曲线的喻义是"人与方向感的交流",圆形也喻义汽车的流动感。使用无转角的墙、楼板和吊顶,使人的视觉关注于对称的曲线和椭圆形的表面,从而产生在建筑中行进时均可发现的有深度的曲面空间。

当人们进入博物馆中,全新的场面会使人们忘记身处博物馆。在传统的博物馆空间中,很少考虑到观看展品的可持续性问题,然而在此汽车博物馆中强调的是展品网络化的组织层次,使周围的汽车展品更具有文化性和现代艺术特色。汽车陈列的布置艺术有其自身的特色,也表现汽车的历史和传统。在博物馆中,把展品基座的尺度放大融入博物馆的整体建筑中,代替了传统的单个展览平台。采用半环形的坡道,把握观者的动态透视效果,从高处、低处、远和近都能看到汽车。

当人们围绕展品移动时,沿着圆形坡道会发现前方更远处的视点,又可在高台阶上得到与汽车等高的视线水平,好像把观赏者也放到展品的基座上了。奔驰汽车博物馆创造出一个流动、连续的观览线路(图 4.6)。原始的构思图解是一种拓扑几何学的图案——三叶草结,以旋转对称的方式形成空间上的双层螺旋结构。三叶草的每片"叶子"是展区平台,均围绕中庭的"叶根"布置。三叶形的空间螺旋上升,以平缓的坡度联系所有的部分,形成内外均是平滑连续的空间体验。盘旋而上的建筑犹如一个复杂的几何迷宫,参观者经历内与外的体验才能清晰地描述与理解这座充满曲线与变化的建筑。在各种标高的树叶形展览空间中,有全景的视觉,可以方便地找到每件展品的观览焦点,也表现单个展品和全部展品的关系。长长的展示基座和全景式的展览空间产生一种全新的博物馆流动空间设计理念,摒弃了传统的房间式或高大空间的老式的展览空间。

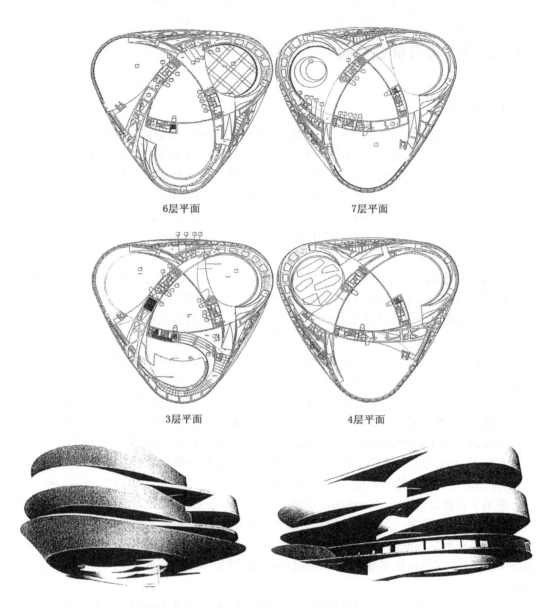

6层平面　　　　　　　　　　7层平面

3层平面　　　　　　　　　　4层平面

德国斯图加特奔驰汽车博物馆"时间的机器"模型研究

图4.6　流动空间与动感视觉

在奔驰汽车博物馆中,人们同时还可以看见展览汽车后面的室外道路和奔跑着的车流。从1959年赖特设计的纽约古根海姆美术博物馆,到1968年密斯·凡德罗设计的柏林国家展览厅,再到1977年伦佐·皮阿诺和理查德·罗杰斯设计的巴黎蓬皮杜艺术中心,博览建筑经历了长足的发展和进步。2006年建成的斯图加特奔驰汽车博物馆不能不让人联想到它的原型出自赖特的纽约古根海姆美术博物馆。奔驰汽车博物馆是运动和机器时代产生的博物馆,表现最摩登的汽车机器在建筑中开动,表现奔驰的功效、技术和才智。展示奔驰的橱窗是闪亮的现代机器,从多个方面唤醒观众的注意力。这是一个"流动空间,动感视觉"理念发展而来的"时间的机器"。

四 虚拟空间与重叠空间

1 虚拟空间

随着智能城市的发展,使用全球信息网络的人越来越多,而虚拟空间代替实体建筑空间的现象也越来越多。物质的、有固定位置的实体空间将被光缆中无形的、居无定所的、以"比特"(Bits)形式存在的虚拟空间所替代或部分替代。这些虚拟空间的立面也许就是电脑显示屏上的一个菜单,公共场所也变为非实体的公共网络空间。标志性的建筑物则被虚拟标志取代。例如,美国哥伦比亚大学的一座新图书馆,采用一套电脑装置,将藏书中的文字信息转化为可以从网络中提取的电子书籍库中的"比特"(Bits),虚拟电子软件更优于实体的建筑。

虚与实在艺术上巧妙处理实空关系,可以造成情绪延续的意境。中国画常常在画面上留白,作为画面构图实与虚的对比,并以此衬托主题。建筑造型艺术在早期的摩登运动中常以块体匀称的布局形成虚实关系。立面的划分、平面组合也讲究虚实对比。在中国传统造园艺术中,虚与实的空间对比是一项重要手法。

幻觉,从严格的科学意义上说,是指在没有刺激的情况下作用于感官所产生的不正常知觉。在环境景观中的幻觉所展现的虚幻感,指实际上不存在或与实际情况不相符的现象。虚幻感用来表现在特定的环境下所产生的异样感觉和特殊心理,如"想闻散唤声,虚应空中诺"。承德避暑山庄中的文津阁前面的水池中设计了虚幻的月亮,它是由池对面假山石的孔洞倒影在水池中形成的,人的视点角度在某个位置上,就能看见水中的月亮,形成似有似无、亦幻亦真的水中之月。西方的教堂设计也有一些类似的虚幻景观的处理手法,通过虚幻的手法能够有效地概括生活的真实。

多纳·古德曼(Donna Goodman)是城市规划的未来主义者,她和后现代主义学派的立场差异很大,她认为一个城市的功能应该在于提供人民可以选择的咨询情报系统,人们可以自由自在地学习他们自己感兴趣的科目,不在受压力的状态下生活。未来的城市应该是个大型的情报网,你需要什么都能提供给你,设置多处计算机化的中心,随意索取咨询。

当今这样的信息社会,人们将自身投入信息的海洋,计算机和网络成了诸多媒体中的主角,在创造虚拟空间方面功不可没。在虚拟的空间中有邮局、商店、书亭、茶馆、酒吧、聊天室等。喜欢逛街购物的,喜欢看新闻的,喜欢看书的人都可以乐在其中。虚拟空间在人们的生活中,或真或假,或虚或实,丰富了人们的生活和精神世界,为我们带来了新观念、新感受和新的生活方式。一部分人已经将互联网当成了自己真正的生存空间,经常畅游其中,乐不思蜀。

网络自身已经失去了作为工具形态的意义,进而演变成为普通的生活形态而无处不在。"无需运行,无需等待"的生活观念正使人们对传统的空间概念的理解渐渐模糊,时间的意义也在消解之中。网络中的人们对于前进与回归尽在掌握,一种不知不觉的心理模糊了空间和时间的界限,虚拟着人们赖以生存的真实世界的一切。这种数字化的生存方式,使人们在不知不觉中获得了宽松和开放的心境。然而,这种以信息和信息连接作为主体的空间形态在让我们回归到空间本质的同时,却在大量地失去真实空间之中那种人性之美和境界之美(图4.7)。

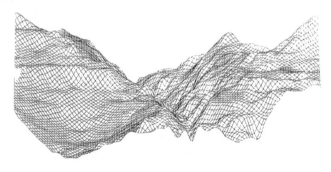
虚拟的地形与地貌

智能建筑

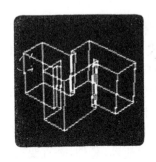 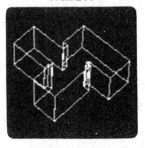 
虚拟的建筑
图4.7 虚拟空间

2 重叠空间

结合旧城市中心区的重新开发,美国在社区小商业中心增建中运用了"重叠空间与时间"的手法,建立新中心体的秩序与景观。"重叠空间"是指以贯通地面层与地下一层的一个管状玻璃空间将原有地面商业街与地铁、公共汽车总站联为一体,建立一个中介的中心空间,其中包容有新的商业内容和新视角的景观感受,充满情趣。"重叠时间"指建立同时运动系统,步行的商业区域通过下沉的庭院、自动扶梯、过街天桥,贯穿中心区的内外与上下,实现人流与车流的分离。更重要的是,确保中心区的景观能为行人的速度和视觉角度所感受,由地铁车站贯通上下的中厅空间能看到地面层远处的市政厅和市场周围建筑的景象。费城重叠中心的改建计划对北京、上海、广州等正在修建地铁的城市改建很有启发。

五 建筑的第五度空间：文化性

平立剖以外的第四度空间是它的时间性，构成建筑的第四度空间，建筑有个性又有文化性，建筑的文化性称为建筑的第五度空间。建筑文化是个大范围，不只是指传统文化，建筑与环境的配合、协调也是一种文化观念，所以文明的建筑必然是尊重文化环境的。

什么是后期摩登主义？就是把建筑形象注入了文化元素，强调建筑空间中具有精神方面的符号意象，后期摩登主义建筑思潮的灵魂是表现建筑的文化性——第五度空间。建筑空间的第四度是时空论，第五度是文化环境论，第六度是生态论。

我们说建筑是文化的存在，建筑是历史的存在，建筑是传统的存在。建筑是文化的创造者，建筑文化对市民有感染作用，后工业时代是人本主义复兴和生态的时代。

城市中最深刻的特征是它的文化特征，城市空间风貌的建立是以城市建筑风格的发展演变为中心，建筑风格是形成城市文化面貌的基础。

（1）建筑空间的第五度就是文化元素。

（2）必须把社会学的空间概念引入建筑设计才能说明空间中的文化环境。

（3）人对建筑空间的认知不只是视觉形象还是文化现象，欧陆风的乱用就是以视觉形象抹杀文化的一种包装。如山西临汾的华门建筑高达50米，庞大的尺度、不中不西的造型抹杀了当地尧庙的根祖文化。

建筑空间可以决定历史，又高于历史，有创造历史文化的能力，建筑空间依赖历史的发展又被历史所限定，建筑空间需要反映历史时代的特征。

建筑空间的界定与地域文化有关，建筑形式是由内部体量和外部空间之间的接触而形成的，在不同的文化背景下，以建筑体量形成的建筑形式，构成了具有地域特色的环境空间。中国古典建筑的大屋顶，反映中国人对宇宙空间与自然的亲和关系。伊斯兰建筑中的穹隆尖顶，表现了他们团结的精神力量。建筑形式产生的含义有文化方面的特征。形形色色的建筑形态都以点、线、面为构成要素，柱子、墙面构成最基本的建筑空间。中国的牌坊、门楼，可以看作由两个垂直的柱子一字排列而成，具有划分空间和导向的功能。中国式亭、廊是由线形构成的空间，它的虚空部分提供视觉以流动、延伸，垂直要素使内部具有空间的领域感。

在现代建筑室内空间设计中，中国传统风格"间"的格局表现十分动人，运用古典的彩画装饰或现代的空间层次构成，都能取得具有中国传统文化内涵的设计效果。

著名的澳门大三巴牌坊，是由西洋教堂的残墙演化而成的中国传统式礼仪之门，大三巴是英语巨大的圣保罗的谐音（图4.8），1682年由葡萄牙传教士所建，1835年遭焚毁后，教堂残留的立面于1900—1996年由葡萄牙建筑师主持重建，残留的立面既表达了西方古典的造型意义，又是中西文化交融的历史见证。大三巴牌坊的形式表明中国文化对西方古典文化的接纳，成为澳门的城市新地标。

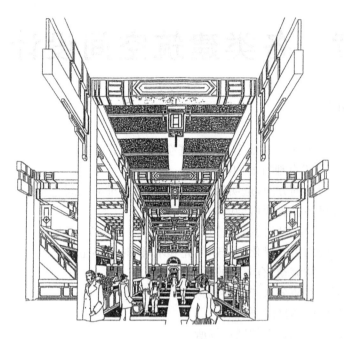

中国传统风格"间"的室内设计

具有欧洲文化特色的澳门大三巴牌坊

图 4.8　建筑的第五度空间

第五章　各类建筑空间设计

一　中庭空间

由美国建筑师约翰·波特曼定义的中庭空间反映了现代民众的心理意念,并在世界广为流行。其空间形式有独特的内涵:

(1) 强调垂直向上的方向,透明的屋盖给建筑以四维的时间色彩;

(2) 为公众提供各种表现机会的场所;

(3) 社交的乐园,充满轻松愉悦感;

(4) 封闭的空间内引入绿化、空气、阳光和水,四时充满生机;

(5) 内部空间穿插流动,有丰富的层次性;

(6) 中庭的开放性使公众产生归属感;

(7) 高科技的应用,时代的象征;

(8) 大众化城市文化艺术的展示场所。

波特曼设计的旅馆抓住了旅客们社会交往需求的心理,创造出豪华享乐的气氛,以巨大的共享空间为旅馆建筑的核心。这种带有中庭空间的旅馆被称为波特曼式旅馆。

纽约的福特基金会总部由凯文·洛克(Kevin Roche)设计(图 5.1),建成于 1968 年,这栋建筑成为建筑空间论的代表之作,室内的中庭空间非常精致,玻璃大厅中设计了内部庭院和屋顶花园。高大的玻璃屋顶下绿荫葱茏,百花争艳,格外清新美丽,构成了独特的风景式建筑风格。这种中庭空间布局影响了后来的许多现代派建筑师,形成了一股思潮。

1　共享空间的魅力

魅力也是一个模糊的概念,它是艺术的迷惑力、诱导力、感染力、感动力等,是能征服人心的艺术力量的总称。空间作品只是艺术魅力的一种诱因,并非作品的客观属性,因此空间艺术要寻求魅力的表现,并非常规所能达到。密斯·凡德罗设计的巴塞罗那世博会德国馆,由大理石、水池、不锈钢和玻璃衬托下的全身女像雕塑落位所塑造的空间具有永恒的魅力。

共享空间的精华在于空间在垂直方向上的突破,是水平空间和垂直空间的复合体,作为一种具有象征意义的空间模式对人的心理产生影响,发生作用,使城市与建筑,室外与室内之间的界限模糊不定,室内室外"我中有你,你中有我"。如美国建筑师菲利普·约翰逊设计的明尼阿波利斯的国际开发公司中心大楼,中央的水晶庭院,高达 30 米的中庭面积达有 1 800 平方米,上挂层层的白色立方体装饰,空透的玻璃透入天光,街上的繁荣与生机仿佛融进了室内。厅内又是城市的"大客厅",自动梯、挑台、花草树木,使人目不暇接,勃勃的生机是街道的延伸,有顶的广场是市民的乐园,人们在购物消费的同时享受文化情趣的陶冶。

城市如同公共建筑一样也有它的共享空间,主要的环境要素是:(1) 自然要素:自然界中对山丘、水体的因借,自然环境与人工景观的交融。(2) 功能因素:决定着空间的布

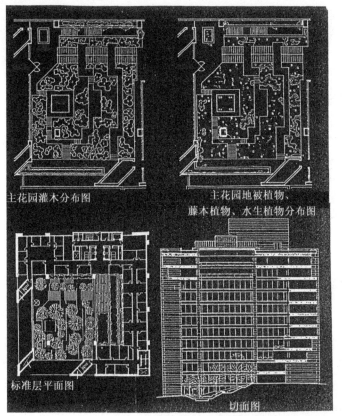

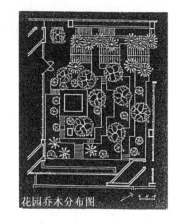

主花园灌木分布图　　　　　　　　　　主花园地被植物、　　　　　　　花园乔木分布图
　　　　　　　　　　　　　　　　藤本植物、水生植物分布图

标准层平面图　　　　　　　　　　　切面图

图 5.1　中庭空间,纽约福特基金会总部

局、设施的安排、建筑形式等实体内容,同时也决定着空间所营造的气氛。(3)行为心理因素:人是空间的主体,适于人们活动的空间才能构成行为场所,才具有意义。(4)社会文化及地域因素:它是城市文化信息的载体,是城市生活方式的反映,蕴含着城市的历史文化,折射出城市人的品位、追求、精神的内涵。

2　院落空间

院落布局是创造建筑外部空间的重要手段,院落对于人的生活在功能使用及心理环境方面提供良好的条件。院落可以划分为庭院、生活家务院、后院、风景绿化院、杂物院等。以院落划分空间可分隔为公共性、半公共性和私密性等不同领域,在人的生活行为中造成心理上的空间过渡。中国传统民居以北方的四合院民居为代表,受风水说的影响,大门开在八卦的"巽"位或"乾"位,门内外设影壁,二门作华丽的垂花门,二进院为中庭,三进院为后罩房。

北京四合院按南北纵轴线对称布局,进门左转进入前院,经垂花门到正房,这是院落的核心,周围回廊连接形成对称的主次明确的轴线,檐廊与回廊门道相通。主次分明的院落空间成为中国北方汉族民居严谨格局的代表。

建筑组成前后的院落空间创造了住宅中渐进的空间层次。入口庭院是最具公共性的部分,逐渐引入私人性较强的半公共性空间,最后到达主人自用的堂屋(图 5.2)。

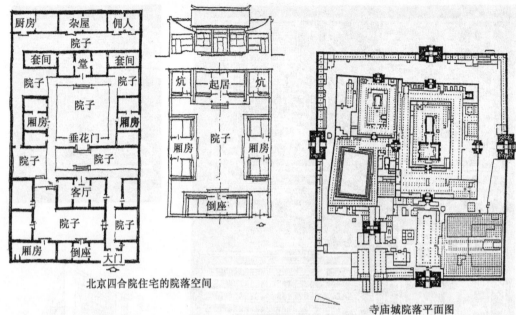

北京四合院住宅的院落空间

寺庙城院落平面图

图 5.2　院落空间

　　"古树老井"是一位建筑师童年就种下的怀古之情,那种心灵的超脱与宁静会影响着建筑师的设计风格,使他对禅境或者"天人合一"的境界有着异常的喜爱和追求。另一位童年生活在有着丰富层次院落空间"大宅门"里面的建筑师,他很喜欢作有院落的建筑设计,他对那种亲切宜人的院落空间有着特别的钟情和感受。然而现在的孩子生活在大城市里,内心深处还会有类似的环境情结吗? 如今我们的空间环境设计往往追求浮躁、宣泄的社会时尚,崇洋求大的格调,我们设计的空间环境到底给人们以什么样的精神享受?

3　室外的房间

　　室外的房间是形容在室外形成的如同房间似的封闭空间,在室外环境中构成美的装饰物。这些室外的房间,如公共汽车站、电话亭、书报亭、小卖部、公共厕所等,有其自身的空间外形和设计特征。有的室外的封闭空间做成空透的,既是室外又是室内,兼有两者的特征,好像把环境和空间融在一起,创造出环境景观中特殊的美。庭园中的花架,爬藤植物如同顶棚,小路引入花架形成室外的步行走廊(图 5.3)。

二　同一性空间,"少即是多"

　　同一性空间或称全面空间,是密斯·凡德罗的作品特点。他把沙利文的口号"形式跟从功能"颠倒过来,建造一个实用而又经济的大空间,使功能服从形式。他创造了一种没有阻隔的巨大空间,随意变动隔墙来满足不同的功能要求。他设计的伊利诺伊理工学院的建筑系大楼,长 67 米,宽 36.6 米,没有柱子和承重墙,顶棚和幕墙悬挂在大钢梁下面,房间仅用不到顶的隔断略加分隔。他主张这种钢框架的大空间结构,采用全玻璃的幕墙,以展示新型结构同一性空间的特色。

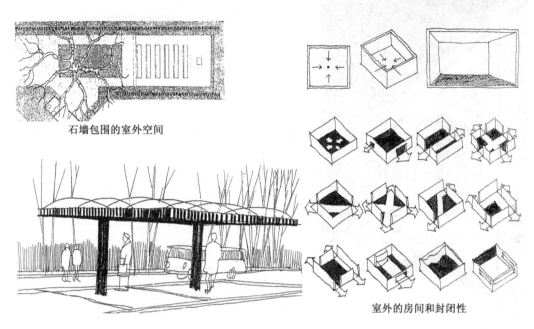

石墙包围的室外空间

哥特堡的拱形玻璃顶公共汽车候车棚

室外的房间和封闭性

图5.3　室外的房间

以密斯为代表的技术精美主义注重构造与施工之精确性，认为只要工艺得到真正的体现，它就升华为建筑艺术。其建筑全部用玻璃与钢制造，内部空间穿插而又流动。外形纯净透明，清晰地反映建筑材料、结构与内部空间。西格拉姆大厦与法斯沃斯住宅为其中典范。强调一种客观逻辑性的构思以及严格的施工技术。

这一流派既容纳建筑的精加工，又利用最佳工业技术，从而形成了一种简单又有逻辑的文化。密斯坚持的条理性称"少即是多"（Less is More）。

纽约西格拉姆大厦建于1956—1958年，由密斯·凡德罗设计，共40层，高158米，是密斯学派技术精美主义的代表之作，空间设计追求纯净、透明，是施工精确的钢铁玻璃盒子的代表之作。密斯在巴塞罗那国际博览会德国馆、法斯沃斯住宅以及伊利诺伊理工学院建筑馆等作品中，都曾经探索了合理运用和忠实表现结构，充分表现钢铁、玻璃等材料的独特性能，自由分割空间，摒弃附加装饰，追求空间中的纯洁清澈。这种做法逐渐发展成为专心追求技术精美和空间清澈的倾向。在同一性的大空间中透明的大玻璃，就是建筑的墙纸。因此，密斯总结出了"少即是多"或称"简洁即丰富"的名言。

法斯沃斯住宅是密斯·凡德罗的著名作品，坐落在芝加哥河滨的一片草地上，四周林木葱郁，景色宜人（图5.4）。住宅由8根钢柱承重，高约6.7米，上面托着一片屋盖，下面夹挂着一块地板，四周围以玻璃幕墙。实体建筑如此简单，室内室外通透无阻，一览无余。内部中间处只有一小块封闭的厨房、浴厕小空间，此外再无任何分隔空间的墙壁或屏风。主人的起居进餐都是沿室内四周布置。法斯沃斯住宅所用的材料包括窗帘都是精心挑选的。所有细部设计都经过仔细推敲，一切都十分精细、准确、干净、利落。从结构到建筑部件都减少到最低限度，是一个最简化的结构体系，是可供自由划分的同一性空间，是"少即是多"建筑理论的体现。

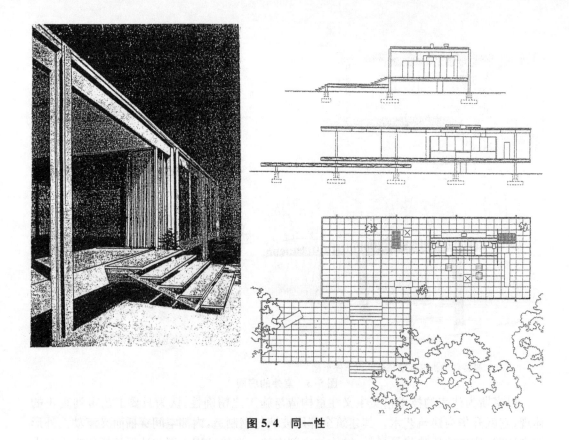

图 5.4 同一性

三 分层的空间

1 分层的空间:流水别墅

在建筑空间设计中,空间具有分层的层次性。处理好空间设计的分层,可以强调空间所处的地域和方向性,并且可提供空间中的安全感。空间的分层有垂直划分的层次,水平划分的层次,交互穿插划分的层次。空间的许多变化中,多层次的空间处理比层次少的空间更具有突出的地位感。在空间设计中建立空间的分层与等级,力求保持空间分层的多样化,是空间设计的重要因素。

流水别墅又名考夫曼住宅,是空间大师弗赖特的代表之作(图 5.5),建于 1936 年,约400 平方米,至今仍受到人们的赞美。别墅建于山石流水之间,环境幽静迷人。赖特迷恋着这里优美的自然环境,对 20 厘米以上直径的树木和较大的山石都标识了记号,进行实测。赖特在现场实测图的拟建地段上避开大树和巨石,划分空间的基线及承重墙的位置,在不到 12 米宽的地段中,将其中 5 米用于铺路,采用横向布局南向为主,有良好的阳光和通风。采用钢筋混凝土大挑台交叉的分层空间布置,将别墅的起居室悬挑在瀑布流水之上,以二层主入口层平面起居室为中心向外伸展。起居室的壁炉旁保留着一块凸出地面的山石,地面和壁炉都是就地选用石材砌成,内外空间交相辉映,浑然一体。水平穿插,横竖对比的空间分层手法以及纵横交错的几片石墙,给人一种灵活又稳重的动感。

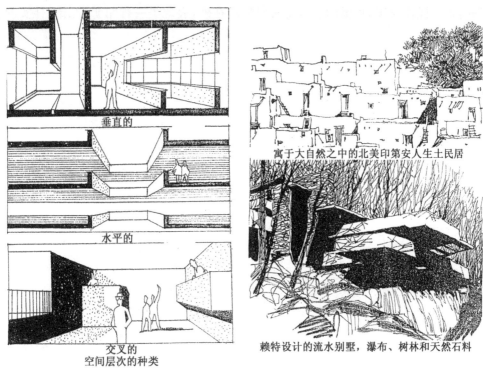

垂直的

水平的

交叉的
空间层次的种类

寓于大自然之中的北美印第安人生土民居

赖特设计的流水别墅，瀑布、树林和天然石料

图 5.5　搭接空间

2　二到一空间：马赛公寓

法国建筑大师勒·柯布西耶被誉为当代的空间大师，他创造了模度论，他的模度不是所谓的尺寸大小，而是以人体尺度为基础，吸取黄金比理论而创造的美的划分规律，把比例尺度的概念发展到一个新的深度，建筑空间从室内到室外以人为尺度，从室外到室内的出发点则是超尺度感。在他设计的马赛公寓的混凝土墙上浮雕着他的人体模度图示（图5.6）。

勒·柯布西耶说："我在几何中寻找，我疯狂般地寻找着各种色彩以及立方体、球体、圆柱体和金字塔形。棱柱的升高和彼此之间的平衡能够使正午的阳光透过立方体进入建筑，可以形成一种独特的韵律。傍晚时分的彩虹仿佛能够一直延续到清晨，当然，这种效果需要在事先的设计中使光与影充分的融合。我们不再是艺术家，而是深入这个时代的观察者。虽然我们过去的时代也是高贵、美好而富有价值的，但是我们应该一如既往地做到更好，那就是我的信仰。"1946—1957 年，他在马赛设计并于马赛市郊建成了这座居住单元式的公寓大楼，可容纳 337 户。马赛公寓长 165 米，宽 24 米，高 56 米，除地面由开敞的粗壮的柱墩构成的支柱层外，上面共 17 层，其中 7 层、8 层是商业服务区，其余 15 层均为居住层，户型颇多，可以适应单身到有多个子女的家庭居住的不同需求。大部分住房采用跃层式的布局，起居室两层通高，净空高达 4.85 米，卧室及其他用房净空高2.26 米，住户独用的小楼梯供上下联系。采用这种跃层的空间布置方式，整个 15 层居住空间中只有 5 个公共走道，既节省了交通面积又保证了住户的安静和前后两个朝向的要求，被后人称为"二到一空间"布局。马赛公寓由于现浇混凝土楼板，模板拆除后表面不加任何处理,保持人工操作痕迹,粗糙的混凝土表面暴露在外,表现了一种粗犷、原始、朴实的艺术效果。

图 5.6　以模度为依据的勒·柯布西耶设计的"二到一空间"的住宅公寓

四　锐角空间、钝角空间

"大方无隅"指的是当直角空间无限制地扩大时,空间的角落便随之消失。在建筑设计中,建筑室内常尽量避免锐角空间,这是因为锐角空间在使用上有诸多不便。常见的锐角为 15°、30°、45°、60°、75°,还有其他小于 90°的非典型锐角。贝聿铭设计的美国国家美术馆东馆,是以锐角空间为主题的三角形的组合,室内空间较大,在使用上却有奇异的效果。在实际工程和建筑创作中,当建筑造型需要锐角空间时,当环境地形造就锐角空间时,锐角空间可以被改造为钝角空间,这种设计方法称为"锐角空间的钝化"。

三角形空间设计典型的代表作品是贝聿铭 1978 年完成的华盛顿国家美术馆东馆,占地 3.6 万平方米,总建筑面积 5.6 万平方米,巧妙地结合街道的位置,取三角形的空间布局(图 5.7)。建筑包括两大部分,一个呈等腰三角形的专供展出艺术品的展览大厅,一个呈直角三角形的专供艺术家或学者研究和开会用的研究中心。展览厅内,除中央大厅外,还有许多面积大小不一,空间高度变化不同的展室。这些展室由形状各异的台阶、电梯、坡道和天桥相连接。大厅上空由一总面积 1 500 平方米,形如蛛网,重约 500 吨的钢架和双层隔热玻璃屋面构成。明媚的阳光从不同角度投下,在展厅的墙面和地面上形成丰富多变、美丽动人的图案。大厅上空装有悬挂的活动雕塑随风摆动,形成轻快活泼的气氛。各层的陈列空间有大有小,隔墙可以调整,顶棚可以升降,满足不同大小展品的空间需要。

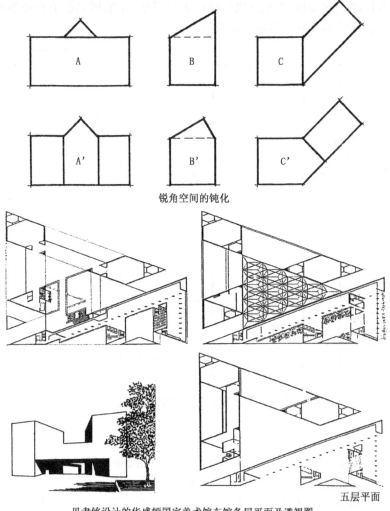

锐角空间的钝化

贝聿铭设计的华盛顿国家美术馆东馆各层平面及透视图

五层平面

图 5.7　锐角空间和钝角空间

五　组合空间

1　形式与空间的组合

　　单一的建筑在空间中如同一件物体,是个从所有方面观赏的图形。当两座或两座以上的建筑组合在一起就创造了建筑组群的外部空间。建筑组群的空间关系可以是封闭性、无封闭性或微弱的封闭性。封闭感形式的产生是建筑空间中建筑高度与距离构成一定的比例所形成的。如果建筑过高则空间感不适,一定的空间高宽比产生不同的亲密性或公共性。亲切适度的室外空间或巨大的城市广场空间,均由建筑空间中的高宽比所决定。

　　美国华盛顿航空宇宙博物馆由奥贝塔设计,是 20 世纪中期世界著名的博物馆建筑(图 5.8)。展览空间按飞机及各种飞行器展品的尺度划分空间,根据参观者的流线组成大小不同及分层的空间安排,大型飞机悬挂在大空间中,小的展品摆放在小的展室中,组成套间式的组合空间和相互连接的参观流线。

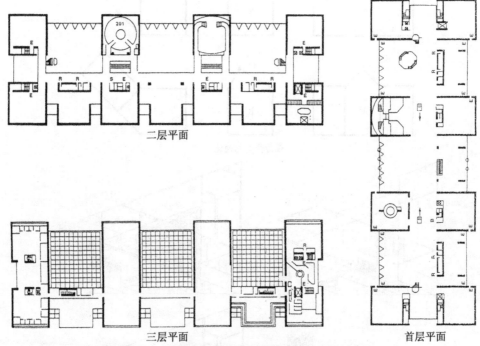

二层平面

三层平面

首层平面

图5.8 美国华盛顿航空宇宙博物馆的空间组合

2 空间的连接

建筑物常常是由一组内部空间所形成,许多空间之间必然有着某种联系,需要建立一种彼此之间的疏通关系。建筑的外部空间也同样有这种彼此连接的层次关系。空间之间的连接有附加式的相接,一层套一层式的连接,连串式的连接,主从式的连接,走道通过式的连接,空透式的连接等多种多样的连接方式。正是由于不同的空间连接方式才创造出多种多样丰富变化的空间环境。

建筑空间中独立布置的事物,它们之间的空间是没有联系的,然而相互联系的建筑,则可创造出造型丰富、有变化的空间与立面。建筑之间可以用拱门、外廊、院墙、门楼、绿化、铺面、踏步等建筑小品相连接。内院可以用垂花门、回廊、联廊、天井等建筑要素相连接。在建筑空间中,可用作连接的设计要素多种多样,连接的手法运用恰当,可使建筑室内外布局的空间富于变化、生动有趣。桥、亭、廊、榭等连接要素是中国传统园林布局中的主要手段(图5.9)。

3 主从空间,空间中的空间

组合空间中的主从空间常常是空间中的空间,一个巨大的空间包含着若干个小空间,最著名的上下层主从空间实例是沙里宁20世纪60年代设计的波士顿麻省理工学院克雷斯吉礼堂,巨大的壳体会堂空间上部的小空间中加盖着一个小型会议空间。又例如保罗·安德鲁(Paul Andrew)2003年设计的北京国家大剧院,观众由玻璃水池之底部进入大

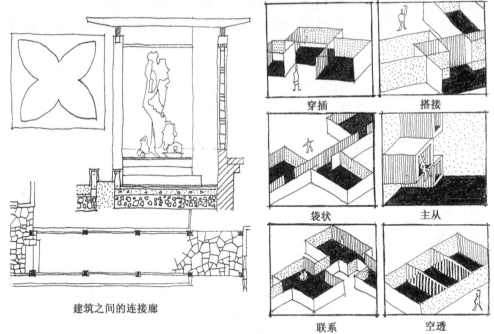

建筑之间的连接廊

穿插　　　　搭接

袋状　　　　主从

联系　　　　空透

图 5.9　空间的连接

厅,是空间中的空间(图 5.10)。2012 年由德国 GMP 设计的天津大剧院把 1 200 座古典音乐厅、400 座多功能厅、1 600 座歌剧院组合在一个巨大的平台上,覆盖一个大屋顶,如同一片祥云漂浮在多个组合的空间之上。

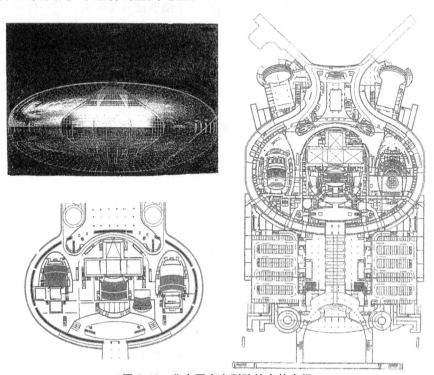

图 5.10　北京国家大剧院的主从空间

城中城是更大的空间中的空间,如柏林的索尼中心于 2000 年初夏在柏林著名的波茨坦广场区的一块三角地上落成,由赫尔穆特·扬设计。工程包括索尼集团欧洲总部、电影中心、办公、商业、住宅公寓、休闲娱乐设施,建筑面积约 21 万平方米。索尼中心由 7 栋相对较为独立的建筑围合而成,以巨型抛物面穹顶的椭圆形中心广场为核心,向周边城市街道辐射一系列收放有致的步行街,中心广场称"论坛",以"新都市交互活动"模式作为城中城的空间新类型,其核心是以中介空间或剩余空间营造城市公共场所。索尼中心为市民提供了一种全景式的大空间,曲直交错的步行街道使人联想起柏林中世纪和巴洛克时期尺度宜人的城市街坊,参与者和旁观者没有主与次的区别,活动与事件类型的本质成为联系过去、现在和未来的记忆线索。穹顶中央 9 米的开口不仅可享受现代技术所提供的庇护又能感受自然晴雨的变化,是全天候的露天广场。建筑师模糊室内外空间界限的构想在此得以实现。

4 交替的空间,黏结性

建筑空间中两种以上的空间要素相互交织穿插,若隐若现,即能形成交替的韵律。在空间设计中,我们从分析得出有线的交替、色调的交替、质感的交替、形状的交替、大小的交替、方向的交替等。交替构成手法如果运用得好,能够组成复杂的空间韵律,创造出交替的空间美。交替是间隔、穿插、交织所构成的,在建筑中门窗部位的划分,建筑材料的选用,在空间构图中随处都有交替韵律美的节奏。有内外相间的空间交替,也有楼层之中内外相间的空间交替。

在空间设计中,整体的得失要比局部的好坏重要得多。黏结性指一个完整的艺术对象,不应使其中任何一个属于自身生命的部分、一个细节被分离出去。在一件真正完善的艺术作品中没有任何一部分能比整体性更为重要。黏结性说明在整体之中两种或两种以上的空间要素之间的关系可以寓于其中,相互联系,相互毗邻,或以中间体连接,或位于中央,其形式可为有线形的、放射的、组团的、网格式的等。黏结性是用作协调空间关系的重要手段,在现代建筑作品中时常出现(图 5.11)。

六 可防卫的空间,安全感和艰险

1 可防卫的空间

美国纽约大学规划与住宅学院院长纽曼(Oscar Newman)研究了西方社会城市环境日益恶化、犯罪活动日趋增加的情况,提出"可防卫的空间"的概念。满足可防卫要求的空间应具备两个条件:一是领域性,即建筑布置应尽可能组成各种具有领域感觉的地段,从住宅到街道应该通过不同的领域层次,不能一出户门就是街道,因为这样容易缺乏责任感;二是自然监视,使人们进入居住环境时,即处于连续被注视之中。而现在的单元式公寓住宅,不具备这种可防卫空间的条件,使得居住的安全防卫功能从由邻里、社区共同负担转变为由家庭独自承担,使居民的安全感下降。

由家庭的防卫扩大至街区、城市,有其历史发展演进的规律。古代欧洲的城市防卫体系是圆形的,中国古代城市空间的王城格局是方形的,都有护城河护卫。美国纽约州的原

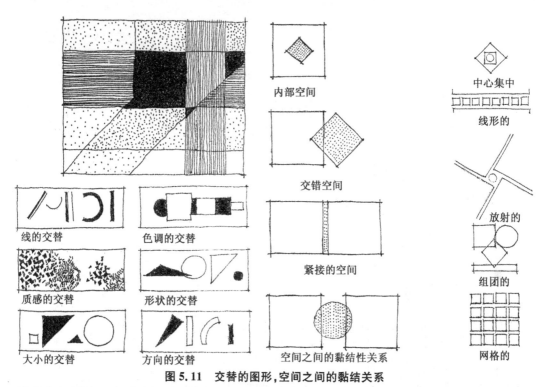

图 5.11 交替的图形,空间之间的黏结关系

始形态只是个六角形大围墙,外有双层木头围栏,外加一处木头的高架瞭望塔,围护着里面的居民不受外界的侵扰。

中国福建永定县的环形土楼和上杭县的方形土楼都是巨大的三至四层高的生土民居。土楼坡顶、小窗、外貌如土筑的城堡,为了防御,同姓的一个大家族住在其中,内院有厅堂及耳房。土楼底层饲养牲畜,顶层贮存粮食,内部是木结构围廊式的集体住宅。土墙的夯土外墙可达一米厚,厚实的土墙不是为了防风和保温,而是为了隔热、促进内天井的通风和防卫外族的入侵(图 5.12)。

2 安全和艰险

有的空间设计要求有艰险之感所产生的趣味,与之相反,大多数空间中需要避免危险之感而达到安全感。与艰险不同,在某种场合下,人必须要有安定的心情,觉得安稳、平安、没有危险。安全性由建筑的设计规范保证,如居高临下的栏杆,群众的疏散通道,安全出入口,防火间距和安全距离,防火和防爆设施,人行道上的行人安全线、安全岛、安全照明、提示危险的信号及警报系统,紧急救生设施等,都是保证安全性所必需的。但是,安全感与安全性不同,设计师要考虑到在空间感觉上的安全可靠性,并与环境美的要素相结合。

中国古代的造园技法中,有"水令人远,桥令人危"的名句,说的是在人为的园林景观中,小桥流水要做得有危险之感,创造一种"艰险"的趣味,这是造园的重要手法,也是充满感染力的环境造景手法。在喷水池、泉水、山石的设计和堆砌中,有时故意做得很艰险,并取有艰险含义的名称,以增加对自然景观中惊险的联想。如杭州的溪流"九曲十八间",北京香山的"鬼见愁",苏州的"狮子林"以及"九曲桥""一线天",顾名思义,在景观空间中力求创造艰险之感(图 5.13)。

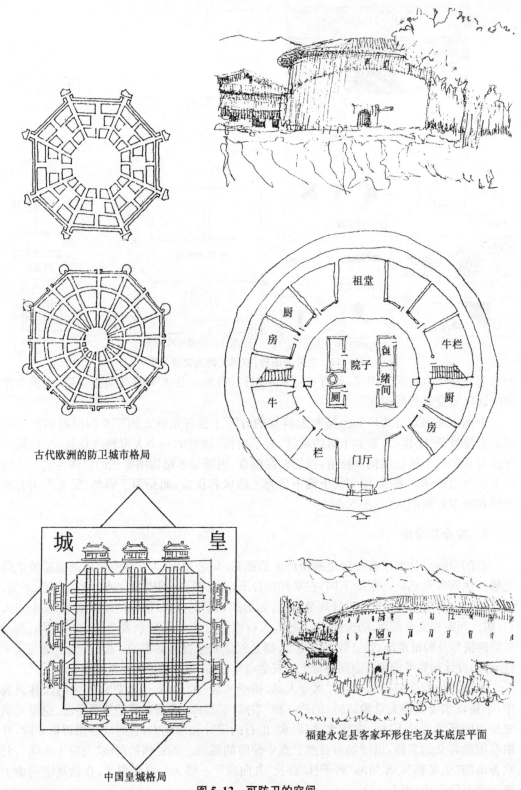

古代欧洲的防卫城市格局

祖堂

厨房

牛栏

牛

厨房

院子

雍绪间

厕

栏

门厅

城　皇

中国皇城格局

福建永定县客家环形住宅及其底层平面

图 5.12　可防卫的空间

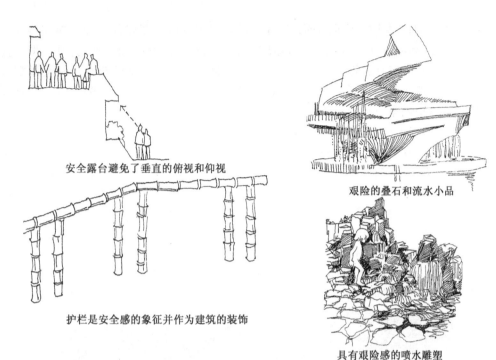

安全露台避免了垂直的俯视和仰视

艰险的叠石和流水小品

护栏是安全感的象征并作为建筑的装饰

具有艰险感的喷水雕塑

图 5.13　安全感和艰险

七　装饰性的审美空间

　　装饰与陈设如此广泛流行,人们喜欢把他们不愿意忘记的事物保存在周围环境中,装饰学在室内空间设计中得到广泛的发展。对待室内空间的陈设有两种观点,一种是把房间视为个人独用的天地,布置自己心爱的物品;另一种是如何取悦来访者,展示空间布置中时髦的美。在生活中最美的室内空间布置原则应该是来自生活中的物件,在公共空间中则应使装饰性的审美空间能引起人们的联想和怀念,并永不忘怀。

　　建筑的内部空间布局、装饰、色彩,墙壁上的挂贴、画幅等,对人的心绪和感情均有影响。其间的审美原则和规律也是空间美学研究的对象。室内空间景观设计与生活美学和技术美学均有密切的关系,自然美、社会美和劳动产品的艺术设计,均综合地运用在室内空间设计之中。日常用品、家具、装饰品、服装、发型等方面与人的接触和关系之多,远远超过人与专门艺术品的接触。许多零星的生活用品的美,是室内空间景观的主要因素。

　　建筑的室外空间包括建筑外围的绿化、园林化,城市的街道小品,马路中间的绿化带、树木与花卉的栽植,以及街道两边多样统一的建筑小品等。室外的陈设则更多地考虑与室内的联系。整体美化室内外空间应该包罗万象,室外空间的艺术品应如同室内摆设的家具一样,点缀着室外的微观环境。装饰性的门楼、矮墙、影壁、窗花、细小的装饰、铺石小路,一石一木都是装饰空间的要素。布置室外的陈设要创造意境,抒发情趣,满足审美观赏的要求。

　　1929 年西班牙巴塞罗那世博会的德国馆由密斯·凡德罗设计,展厅空间面积很小,一层的珍珠式的袖珍建筑,屋面像是放上去的一片宽大的石灰石盖板,下面是长条形的黑色玻璃,建筑的一部分临靠水池。设计要素很简单,包括一片柔和的水平屋面板,由八根铬片钢柱支撑,钢柱是十字形的断面,比 H 形柱更显得纤细。屋盖的下面直接连接大片玻璃和大理石的墙面,空间全是空透的,玻璃的后面只划分出室内和室外的分区,形成优美的空间构图,室内仅有的陈设是密斯设计的几把桌椅。采用精细的格片钢棂垂直划分玻璃,玻璃是灰黑透明的,隔断墙也是玻璃的,使用两片背对背的腐蚀花玻璃,光源设在玻璃中间,晚上墙是光亮的照明板(图 5.14)。展览厅的一端是由绿色的提尼安(Tinian)大理石墙围合着的一个小小庭院,墙是由室内直拉到外部,在平板屋盖下面形成一个围合的雕塑装饰庭院,沿着灰黑色玻璃侧面有一个倒影水池,在池中一个小小的基座上,密斯摆上了一个由乔治·柯尔贝(George Kolbe)制作的女像。由于所处的空间效果,创造了公众喜爱的范例,雕像被建筑师、雕塑家和艺术家所共同赞赏。柯尔贝的作品确实很美,特别是摆放在这个摩登的建筑空间之中。密斯认为要使建筑具有永恒的生命力,外部的生动形象应该来自它原始的功能,只有功能合理并寓于建筑之中才能体现出建筑空间内在的美。历史的经验证明,没有人关注希腊帕提农神庙的功能是否真正好用,但人们都承认菲狄亚斯创造了光辉的帕提农神庙。同理,历史将记载下 1929 年密斯在巴塞罗那建造了那个时代最美的不朽建筑空间。

图 5.14　装饰性的审美空间

八　开启人性空间的真谛

现代人常常只考虑到形式之美,却忘了人本身才是目的。一个美学素养高的人,做一件事情时会考虑到大环境和所有人的心灵,后现代的目的就是要挽回一点感性、一点人性。人性是一个变数,也正因为它是不定的、感性的,所以在艺术形式上产生了那么多不同的流派与风格。凡是考虑到人的内在需求的空间即为人性空间。空间的性质不同,需求不同,又有各式各样的设计与表现方式,但都要符合人性。例如室内设计就是生活的设计,要从生活的需要出发去设计自己的生活空间。

人性化空间应符合生态环境要求,尊重大自然,天人合一。其次,空间的尺度应当人性化,取人的感官所接受认同的尺度。空间还有特定的场所精神、气质和品位,本土化、个性化的空间将更具有人性(图 5.15)。

美国俄克拉荷马城剧场室外的人际交往空间

英国充满生活气息的农贸市场,把汽车交通限制在市场的外部

图 5.15　人性空间

情感化的人性空间有主动式的和被动式的,主动式的人性情感空间通常早有思想准备,不太激动人心,平平淡淡,如生日聚会,地点是次要的,而出席的人与周围的气氛是主要的。被动式的情感空间会出现在突发的地点和时间,强调的是情感发生的突然性和偶然性,准备不充分。更多的和无时无刻不存在于我们身边的主动式与被动式情感是同时并存或互相包含,互相转换。例如生日聚会中也因有尴尬的偶发事件发生才丰富多彩。常说城市、建筑是有生命的,正因为它们是由多样化空间所构成的,是有生命的空间。

1 爱好和趣味

爱好是人类生活中美的享受,有人喜欢钓鱼,有人喜欢打猎,有人喜欢运动、绘画、养鸟、集邮、照相……有相同爱好的相聚一起,格外亲切。在建筑空间环境中,要重视人们的爱好,促进和抒发人的爱好的习惯以增加生活环境中的情趣。例如人们能够从住宅外面陈设的动物的棚舍、渔网、农具判断这家主人的爱好,室内的布置与陈设中,更应显示主人的志趣与性格。

梁启超对审美趣味很重视,把美看成人类生活要素之"最要者",认为人离开美甚至活不成,而把趣味看作追求美的生活原动力。他认为一个民族麻木了,那个民族便成了没有趣味的民族,人们需要趣味的营养振奋起来。王国维也说过:"文学者、游戏之事业也"。建筑界也有人说:"建筑乃构图之游戏也"。游戏自然就是追求趣味,建筑空间中有许多小趣味是值得追求的。小趣味是生活中美的事物,趣味也是人类的"欲"。美和美感都是超功利的,趣味不为功利服务,只有单纯的功利主义才排斥建筑空间设计中的趣味。

2 空间的魅力引人入胜

空间魅力是一个模糊的概念,它是艺术的迷惑力、诱导力、感染力、感动力等,是征服人心的艺术力量的总称。说一个建筑作品很有魅力,实际就是这个作品具有诱导观赏者进入艺术境界,产生美感效应的美学力量。因此,建筑作品只是艺术魅力的一种诱因,艺术魅力并非建筑作品的客观属性。具有艺术魅力的建筑作品应有诱导效应、震惊效应、启迪效应、感染效应、象征效应、净化效应,其本质为美感效应。

舒畅、恐怖、惊讶、幽静、开朗、轻松、肃穆……都是视觉感受反映的直觉情绪。然后是质朴、刚健、雄浑、柔和、雍容、华贵、纤秀、端庄……这就进入了初步的审美阶段。所有这些主观的感受,无不是建筑的序列组合、空间安排、比例尺度、造型式样、色彩质地、装修花饰等外在形式的反映。这些空间感受都是抽象的情绪和感觉,然而通过建筑形象反映出的这些美的感受的升华与发挥就是环境景观引人入胜的具体内容(图5.16)。

3 休闲与境界

社会老龄化使休闲阶层的队伍愈加扩大,为居民创造休闲空间成为空间设计中重要的内容。要因地制宜地为休闲者提供良好的环境视野和独特的视角,使尽量多的房间能观赏室外的风光,成为看得见风景的房间。同时,要提供全天候的观景条件,昼夜变换的足够照明,免受风雨之苦,确保安全行走。在休闲空间设计中要创造流动界面的空间,使室内外活动相互贯通,互为景观,形成高质量的休闲空间。观景、垂钓、闲谈、沉思……都是休闲空间的理想活动。

图 5.16 空间的魅力引人入胜

　　有些地方正在推行两天半公休日，人的休闲时间日趋增多，主动式休闲的各种休闲场所很多，被动式休闲则是在不知不觉的情况下得到了休闲。

　　休闲空间中的境界属于心理环境的范畴。人在物理环境中，当将观察景象有意识地注入思想时，便会借助心灵的力量，对那种景色进行取舍，然后确立它在整个思想空间中的位置，即占一席之地。这一席之地就是境界，即心灵空间的领域。未经心灵取舍的景象仅是一些记忆片断，不构成境界。人借心灵之力可无限扩大境界，体验极处的人生图景。境界由空间环境而来，诉诸心灵之力，又倾注于环境之中。环境创造者必须拥有更多的境界。境界源于物质，又高于一切物质。它是一个安置在人类心灵深处永不更易的美地。

第六章　营造丰富有趣的建筑空间

一　空间形态的诱惑性，纯空间形态的"真谛"

秩序井然的北京城，宏阔显赫的故宫，圣洁高敞的天坛，诗情画意的苏州园林，清幽别致的峨眉山寺，安宁雅静的四合院住宅，端庄高雅的希腊神庙，威慑压抑的哥特式教堂，豪华炫目的凡尔赛宫，冷酷刻板的摩天大楼……所有这些具体的感觉形象都包含了空间形态的诱惑性，包含着联想、悬念、感触、文化素养、欣赏格调等主观因素。空间形态的诱惑性是朦胧的，但又是明确的；是抽象的，但又是具体的；是无声的空间凝聚，但又是有声有色的时间延伸。建筑空间与造型就是要具有这种形态的诱惑性，营造丰富有趣的建筑空间，注重建筑空间的实体以外，又要注重寻求纯空间的"真谛"。

纯空间形态本身是一种无意义的形式，只是一种物质形态，只有通过建筑师的处理加工，加入一种人文气息，才能使其具有生命力、人情味。建筑的物质形态因素包括色彩、质感、光线等自然形态的因素，这些物质形态因素只是手段，是表现方法。纯空间形态以人的体验为依据，为人创造空间，注重空间对人的影响，是空间设计的个性化。日本建筑师安藤忠雄设计了"风的教堂""水的教堂""光的教堂"，用心体验了宗教空间的"真谛"，令人感动（图6.1）。

1　情绪空间，领悟空间

在迪斯科舞厅，暗淡的背景衬着闪耀的彩色灯光，刺激的音响以及狂热的舞蹈动作，光、色、声、行为等外界刺激诱因，营造了令人激动、兴奋的空间环境气氛，人的情绪必然受到热烈感染。另一方面，人的心境与情绪，愉快或沉闷，都会影响人对空间环境感受的效果，不同的心情对空间环境的感受差异很大。心情愉快时，觉得周围的一切十分美好，一切变得新奇而有魅力。情绪不佳时，看什么都不顺眼，周围美景也视而不见。满地黄叶的秋景提供恋人们浪漫的情绪，失恋的人则感到悲凄伤感。建筑空间中的视、听、嗅、触及温度等因素可成为人的情绪刺激的诱因，激发人的情绪，外部环境影响是某种情绪产生的直接原因。情绪产生的来源有：外部环境刺激、身体生理刺激和认知评价刺激，随着空间的过渡和时间的流动，便会影响人类情绪、情感的变化。建筑设计中要考虑空间环境对人的情绪和心情的影响。建筑空间有其功能特性、哲学特性、审美特性、心理特性。空间有结构、有意象、有秩序，空间的秩序有视觉的、生态的、文化方面的。人对空间的感受有心理的、尺度的，人类从认识空间到理解空间、感受空间的目的在于要创造有人性的建筑空间，寻找开启人性空间的钥匙。建筑师选择的每一种空间形态都影响观者的心理，会长久地滞留在人们赖以生存的大地上。以建筑师的心灵去领悟空间是建筑师的责任，使人类从谋生到乐生，是社会文明和历史的必然。然而，当今城市的道路不断被拓宽，建筑一组一群拔地而起，人们却被建筑、汽车拥挤在狭窄的夹缝之中。疲劳时欲停无所、欲坐无依；休闲时欲谈无所、欲乐无园；工作时欲静无处、心烦无慰……生存空间与心理空间的矛盾影响着人类的身心健康。

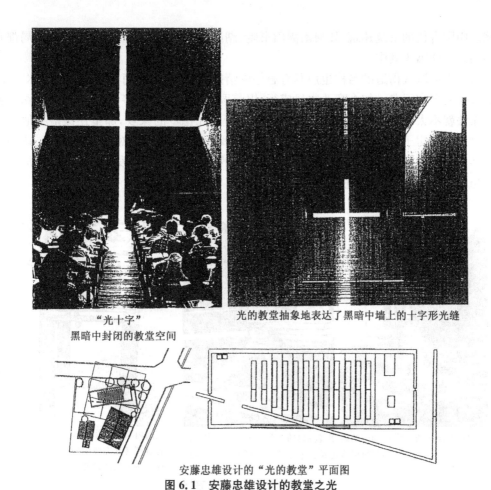

"光十字"
黑暗中封闭的教堂空间

光的教堂抽象地表达了黑暗中墙上的十字形光缝

安藤忠雄设计的"光的教堂"平面图
图6.1 安藤忠雄设计的教堂之光

2 冥思苦想的空间

人对外界的感觉大多是加上认识的感知,最主要的是思索,哲人、艺术家都是伟大的思想者。大部分群众都是学生出身,"学"即思想,人们学习的过程离不开思索的空间,书房即这种空间。鲁迅曾坐在"老虎尾巴"小屋的那张藤椅上,面对窗外的一棵枣树,写出许多不朽的短文。朱自清描写清华园中的"荷塘月色",如今其景尚在。《老残游记》中的济南大明湖,比真的大明湖美妙得多,如今人们只能从文字中设想出理想的大明湖的情景。杜甫草堂和陶渊明的"世外桃源",当今剩下的只是当时情与景思想空间的追忆。如果生态环境继续恶化,城市文化的趋同与城市文化沙漠化会使人类的思想境界陷入枯燥和贫乏。

优美安静的环境和天然美景有关,同时也可以创造人为的美景使之具有思想和感染力。罗丹的著名雕塑《沉思者》摆在适当的环境位置就可以加强此处空间环境的思想性,产生巨大的感染力,会引起观赏者诸多的联想。美国纽约州的罗吉大学校园中,土木系实验室门外有一处名为《沉思的女学生》的雕像(图6.2)。这是一位材料实验室老师的作品,是用大小形状不同的圆饼线形水泥抗压试件水平叠起的。雕塑抽象而生动,成为校园中引人注目的焦点,沉思的内容和含义烘托出校园中的学习环境。学校建筑空间之中,需要强调有思想性的空间表现,北京大学、武汉大学、中山大学都曾有过这种冥思苦想的空间环境。中国古代的书院建筑,如河南嵩阳书院、湖南岳麓书院、北京国子监,建筑布局都有很强的思想性寓于其中。

城市中地域或街道的名称也应具有思想感情的内涵,而不应简单地以省市名称、经纬数目或伟人名字冠名。如今商业之风盛行,以获取钱财冠名者甚多,如青岛市海尔路冠名权的做法就不太可取。德国亚琛是建筑大师密斯·凡德罗的家乡,那里还保留了他童年时住过的一栋房子,房子所在的街称密斯·凡德罗大街,引起人们对大师的思念。德国也有许多以音乐家冠名的街道,常常与这些音乐家的故事有联系,引发人们对音乐家的回忆与联想,这也构成城市中冥思苦想的空间。

美国纽约州罗吉大学校园中的雕塑《沉思的女学生》,作者用土木工程实验不同大小的圆饼形水泥试件创作了具有形态诱惑性的艺术作品

美国内布拉斯加林肯大学校园中的雕塑《立方体中的女人》,具有形态美的诱惑性

图6.2 空间形态的诱惑性

二 空间尺度的心理感受

在房间的长、宽、高三个量度中,高度对空间尺度的影响最大,房间的四壁起封闭的作用,顶棚界面决定了房间的亲切性和遮护性。一间3.6米×4.9米的房间采用2.7米净高比较舒适,而5米×15米的房间采用2.7米净高就会显得压抑,因此,适当的高度与室内空间有密切联系。此外,平面尺度和顶棚形状对人的心理感受也有影响,小空间有私密性和围护感,大空间舒服和开阔,过大会空旷,产生孤独感。正方形、正六边形、圆形等规整平面形体明确,产生向心感和安定感。空间中的光线明暗、色彩以及装饰效果也产生尺度感的不同效果,人们对空间尺度的心理感受是综合的心理活动。设计建筑空间要掌握合适的空间尺度。

1 交往空间的人性尺度

人是万物的尺度,自然界所有事物的造化,全部遵守各自的尺度,城市与建筑只有保持适当的尺度,才能在永恒的变化中协调,保存自己的特色。人在城市建筑中与环境接触发生在街道、骑楼、里弄、胡同、台阶、坡道、室外空间、车站、码头、机场,所有城市细部和建筑空间都蕴含着"空间与人性尺度"。城市的商业步行区、前街后河的水网城镇的水道交往空间，更是以人为主体的城市交往空间。人的行为模式、视觉感受、心理感受是设计成败的关键因素。人流车流分开以后，步行则是各种行为活动的基本方式，商业步行街中纯商业功能常占 20% 以下，主要是多种多样的休闲娱乐功能。市民在步行街上的时间一般不超过 2.5 小时。如果娱乐设施齐全，不少年轻人可以在一条街上活动超过 5 个小时，可采用立体步行街的形式解决商业街过长问题。一切解决和完善都需要围绕"人"的因素，寻找每一个可能机会发掘"人"在城市与建筑中的价值。

2 情节性，贵在人的参与

在空间尺度的设计中，由于人的参与而产生空间中的情节性，或称戏剧性。作为环境空间范畴中的情节性与日常语言中泛指的故事情节不同。建筑环境空间中的情节性指它必须在本质上与某些传说故事相通或类似，并由此提高观赏者的认知境界。这种有情节性的空间属性常常采取夸张的手法并与人的参与相联系，有的表现为故事情节的再现，有的则以奇特或让人感到意外有趣的艺术形式表现出来，设法增强其空间中情节性的感染力。情节性的空间表现，应该着重具有强烈美育作用的题材，避免庸俗、迷信的内容。

公众参与是搞好情节性空间设计的重要一环。过去大部分学校的设计决策没有学生、教职工和管理人员的参与。建筑理论家克里斯托弗·亚历山大(Christopher Alexander)曾建议教职员及学生直接参与设计。使用者有共同的目标，他们参与设计将会带来更为合理的使用环境空间，而且参与的过程也是一种教育。其他有关的设计题目都应请公众参与，如服务、停车、住宅、娱乐设施等(图 6.3)。当前，大多数设计项目宁可以邻里协商集合会的方式征求意见也不愿意采用让公众直接参与的方式。其他类型的设施设计也有公众参与设计的问题，公众参与是最好的解决空间尺度和情节性问题的方法。

三 空间的夸张与含蓄

夸张是建筑空间设计中常用的手法，可将传统的构件在尺度上或形状上进行夸张变形。把原有位置的某种建筑部件的材料色彩进行夸张后置于新建筑的部位，使这个夸张的建筑部件变成新建筑的构图中心，其效果非常显眼，在建筑空间处理上能达到事半功倍的作用。因此，这种把老式建筑部件加以夸张而后运用到新建筑上作为装饰或主题，是当前后期摩登主义非常流行的手法，给人以深刻的印象。夸张的手法在建筑空间设计中能够突出该建筑物的性质，形成建筑的标志，已被广泛地运用。

建筑空间中的审美活动，虽然也有理性活动，但更多的是感性活动。情感指的是人们对客观事物的喜怒哀乐的态度，人的情感有时是很单纯的，喜就是喜、悲就是悲，有时又往往是复杂的，而建筑创作中表现的情感应该是含蓄的。艺术家和设计师必须为欣赏者提供领略、玩味和再创造的余地，具有含蓄性的表现力才能使作者与欣赏者息息相通。建筑空间处理也是一样，切忌一目了然、把话说尽、过于直率、有勇无谋，要使观赏者逐步进入空间高潮，含蓄的美好像是不断线的珍珠。

戏水

工人大会

交往空间中的人性尺度

图6.3　空间尺度和人的参与

　　纽约街头的背心口袋公园,又称一亩公园,是一块在城市密集地区沿街空地夹缝中开辟的背壁小巧的背心口袋式公园(图6.4)。根据地域的大小,也可以划分功能区域,设计地面的铺装和园艺设施。著名的一亩公园,利用墙上的瀑布水幕遮掩了马路上的噪声,形成一块树荫下可供休息的世外桃源。

四　轻松和愉悦,家务空间

　　工作之余,人们需要有轻松休息的空间,这种轻松的空间要求可观、可游、可卧、可居。在人为的空间中,要创造使观赏者获得轻松自在的场所,人们能在这些轻松的空间中找到自己童年的影子,领略轻松自得的情趣,使紧张的身心得到松弛。

　　愉悦是出自内心的一种喜悦,既不是趣味也不是欢乐。例如,亲切幽雅的庭园、清澈的流水、艳丽的花卉等景致能够唤起人的愉悦感。大自然具有唤起愉悦感的强大感染力,建筑空间设计的人为环境要从属于大自然,保护和增加大自然之中的这种愉悦之美。另一种方法是利用建筑划分空间,创造人为的、愉悦的小天地(图6.5)。

　　人除了睡眠和工作以外,家务活动占据了最大部分的时间。人们常常把家务看成繁琐、劳累、令人厌烦而又不能不做的日常杂务,很多人不喜欢家务,提出要从家务劳动中解脱出来的口号。其实,反对家务是违反人性的,家务活动是人类的天性,家务包括饮食、学习、睡眠、财务、杂物管理、生活卫生、园艺、娱乐等,人从家务活动中获得生活乐趣。人以食为天,"吃"是家务中最主要的内容。在住宅设计中,厨房是家务空间的关键,建筑师要做好家务空间设计,使人们对家务充满美好的感情。

流水公园

含蓄

图6.4　口袋公园,含蓄的空间

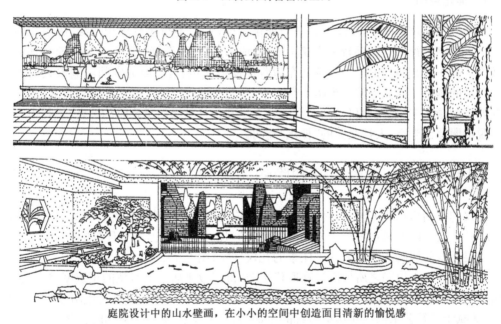

庭院设计中的山水壁画,在小小的空间中创造面目清新的愉悦感

图6.5　愉悦的空间

五　迷惑的空间，神化空间

人可以凭直觉来认识空间美。因为空间美有直觉性，它作用于人的感官，人会情不自禁地受其吸引，自然而然地产生一种愉悦感，然后回味，其中含有想象、分析和判断。对一些表现深奥的艺术空间产生一种迷惑不解，正像王安石所描写的"入之愈深，其进愈难，而其见愈奇"，以此来鉴赏迷惑的空间环境美，很有启发。许多现代的抽象艺术作品也追求这种迷惑的效果。

1　神秘感空间

神仙鬼怪，天堂和地狱，从表面上看似乎是纯粹的凭空想象，与社会实际无关。其实不然，想象与虚构的故事仍然是以现实生活为基础的。具有神秘感的空间环境和形象，如果不是参照人间的形象，也不可能创造出真正具有神秘感的空间境界。神秘感的空间境界最能引起人的联想，创造具有神秘感的空间以唤起人类追求新奇，还具有文化、历史、传统、民俗方面的含义。神秘感包含着对未知事物的许多猜测，促使人们去探索未来，思索过去。

神秘的纳斯卡线（Nazca Lines）传说是太空人的杰作，巨型的兽像和几何图案各有几百英尺长，在平地上无法看清，从空中俯视则一目了然，至今神秘不可考（图 6.6）。当今地景艺术的流行是在荒原山野中创造像楼兰古城那样的神秘境界。

2　神化空间

在宗教性建筑空间中，由于其神圣与神秘特征，将人类与超自然相连接，成为"神化"空间。一般宗教神圣空间都较为隐秘幽暗，造成一种深邃、压抑、崇高、神秘甚至恐怖的空间效果。勒·柯布西耶的朗香教堂就充满着神秘主义色彩，怪诞的空间隐喻着人与上帝之间对话的场所。佛教寺院在幽暗的空间中，通过上部的天光，照亮菩萨的面部，造像的躯体处于幽暗之中，充满神秘崇高的氛围。天坛圜丘三重汉白玉台阶的圆台，烘托出一个超凡脱俗飘浮于半空，人神交流的"神化"空间。

六　礼仪空间、纪念性空间和隐喻

礼仪的空间格局是人类从古代沿袭下来的传统概念。明清两代称官署大门之内的门为"仪门"。仪仗的形式在古今中外的典礼中均有保存。例如巴黎圣母院的入口空间，庄重的层层后退的线脚和浮雕表现了庄重的礼仪气氛（图 6.7）。

后期摩登主义思潮之所以胜过和取代了 20 世纪以来居统治地位的正统摩登主义，正是由于一大批青年建筑师们运用隐喻的设计手法，唤醒了人们对建筑文化历史意义的反思，重新赋予建筑艺术以文化历史传统的生命力，又不失去摩登主义的时代感。所以，隐喻是当代新建筑思潮中最为流行的手法。隐喻使建筑空间中所具有内涵的能力得以发挥，更能形成特定的环境气氛与感染力。隐喻是聚类性内涵的表现符号，它唤起人们的联想和美感。美国威斯康星的麦迪逊银行以古典柱式绘制的壁画，隐喻银行建筑的特征。

出售钢琴的商店以钢琴的造型隐喻建筑形体。

令人迷惑的景致

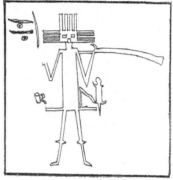
纳斯卡线

图6.6 迷惑的神秘感空间

1 礼仪,寄情于物

礼是对事物表示的敬意,古代有敬神之礼,仪是进行礼节的仪式。传统礼仪的严肃形式及手法,作为创造人为的庄严的礼仪空间的重要方面,时常以纪念性的礼仪用品形象烘托环境气氛,取得庄重严肃的装饰气氛。例如用瓶、盘、缸、罐、狮子等作为建筑空间或广场上的陪衬,可能是由古代香炉祭祀礼仪的用具形象发展演变而来。在礼仪空间中,寄情于物是重要的表现手法。

旧地重游,你还记得此地是哪里吗?你能记起童年时印象深刻的嬉戏场景吗?这里曾经是你朝夕生活的场所,这里曾经有过你的欢乐或悲哀。有情感的建筑空间能把你带回童年,能令你怀念过去,旧地重游由寄情于物所感动。地域主义认为建筑不仅仅是一个单纯的物质现象和功利性工具,而强调其文化意义,试图创造给人以归属感的空间环境。应注重建筑空间与自然环境和地区文化的关系,空间设计的出发点也是感情产生的源泉。

把抽象的情转变为具象的物,把抽象的图式转变为具象的建筑形式,由建筑形象而触发感情。这种情感的物化过程,将情感凝聚于建筑实体之上,通过空间与实体的塑造可以达到。建筑是以物质结构构成的使用空间,作为建筑本体,是以材料通过结构而围护空间达到功能的需要。然而建筑空间在成为人的情感的载体时,就掺入了艺术领域,即建筑艺术的本质体现在建筑空间中的移情作用。建筑是寄托人类情感的物质结构,它包含着人的思维的表达形式,而形式本身的演变又是靠物质为媒介传达着人的不同感情。人的情感是建筑空间艺术真正表达的内容,诚如勒·柯布西耶所言:"建筑就是以天然的材料建立起动人的情调,建筑空间超乎于功利事物之上。"

巴黎圣母院的入口

出售钢琴的商店

古典柱式绘制的壁画

图 6.7　礼仪和隐喻

建筑离不开纯粹的物质性的功能,因此使得我们作建筑设计的时候,往往忽略了建筑空间中应有的能够打动我们心灵深层的东西。当我们站在宫殿、陵墓等往日旧迹时,都会产生难以抑制的激动,由衷地体验到这些陈迹无与伦比的历史价值。尽管建筑是一种实用工艺美术的作品,它的移情能力相当晦涩,但几千年的文明史以及每个人置身其中构成的建筑空间艺术审美意识却十分稳固。

2　纪念性空间,有意义的事件

纪念性空间具有崇高的含义,它是物质形式与精神品质二者兼有的、伟大出众的现象。崇高感来自数量、体积、力量,以及有威力的自然现象、社会现象、道德风貌、思想行为的超群出众等。纪念性空间壮美、博大、雄伟、壮观,具有内在的摄人心魄的感染力量。纪念性空间不仅有积极的审美意识,而且有加深认识和教育的意义。可以通过纪念性空间的美感作用,帮助人们认识社会和精神生活中的某种纪念意义。

怀念曾经发生过的有意义的事情,是发挥情感的主要要素,它不像纪念性空间那样有特定的纪念含义。这些事件可能会引起某种联想或感情的共鸣,例如珍妃井,北京景山崇祯皇帝上吊的歪脖树。黑川纪章设计的澳大利亚墨尔本的崇光(Sogo)百货公司把一座古代的砖砌灯塔用玻璃尖锥顶扣在大厅的中央,使建筑充满情趣。遗憾的是,天津的新安广场百货商店建筑场地上原有一处元代的水井遗址,却被简单地埋上了,没有利用有意义的事件来提升建筑的空间意义。

纪念性空间是人类重要的感情需求,纪念建筑和纪念碑是世界上重要的建筑设计类型。柏林的"二战"纪念教堂是成功的一例,以"二战"期间被美军飞机炸毁的市区教堂作为纪念。飞行员由于误炸了这座教堂而自杀,使得这处遗址更有深刻的纪念意义。美国的富兰克林纪念馆的设计也别有情趣，纪念馆建在已毁的富兰克林故居的地下，地上则按原故居的住宅楼外轮廓线做成钢筋混凝土的框架，成为进入地下纪念馆的入口标志。

越南战争是美国人民心中的隐痛，华盛顿越战纪念碑工程是在草坪上切开一个人字形的切口，参观人流沿着沟壁镜面般光滑的黑色花岗岩石墙越走越低，向墙上逝者的名字献花、悼念。这里没有狂热的英雄主义，只是纪念和反思，设计者对民众情感的把握准确到位。

莫斯科克里姆林宫墙外侧，曾有许多红色政权时代的墓地。其中最精彩的是苏联在"二战"时期阵亡的无名英雄纪念碑，不仅具有人民性，代表人类反法西斯、反战的和平意念，而且设计构思不凡。纪念碑布局手法简洁：一块红色花岗石座平台，上面摆放着一面铜制的军旗和一个红军的钢盔，自然而潇洒，好像静物写生般的安排。前面是一方空地，地上有一团煤气燃火一直在燃烧，纪念这段光荣而艰难的历史，背景是红色的克里姆林宫高墙和塔松。墓碑上经常能看到莫斯科情侣们摆在上面的一束束鲜花。如今在此献花已成为莫斯科情侣们表示结婚的习俗。

3 隐喻，情节性

隐喻是后期摩登主义表现文化含义流行的设计手法，使建筑符号学的运用达到高潮。贝聿铭设计的香山饭店的后花园中的地面上运用了故宫乾隆花园中流杯亭的地面图案。流杯亭原为皇室饮酒娱乐的场所，放到现代旅馆的庭园之中是个妙趣横生的隐喻。但是后期摩登主义的隐喻符号也常被过分滥用，像现今流行的欧陆风，把西洋古典建筑部件不加思索进行堆砌，反而制造了许多粗俗的城市空间。

情节性即戏剧性，建筑空间中的情节性必须在本质上与某些传说故事相通或类似，情节性的空间应该着重表现具有强烈美育作用的题材，避免庸俗、迷信的内容。奥斯维辛集中营陈列博物馆就建在法西斯集中营的原址上，进入参观区域之前，就能看到弹孔叠叠的残垣断壁。这是进入参观营地之前的序曲，预先把参观者的情感引入到战争的情节环境之中。过分具体的情节描述不适合建筑语言的表达，如有几根柱子代表几个民族，多少级踏步代表多少数字，文字喻义的语言不是建筑语言，不能唤起建筑环境空间中美感的情节性。

七 唯理主义与唯情主义，可触知和不可触知空间

重理、偏情，作为建筑创作的两种基本倾向，没有优劣之分，二者都是重要的创作方法。有的建筑师侧重理性，有的偏重浪漫。现代建筑空间的整体性、统一性，既见于阿尔多·罗西的重理建筑，也见于里伯斯基的偏情建筑。理性主义侧重于"形式上、技术上、社会上与经济上"的协调法则，从理性要求上强调它。唯情主义侧重于视感上、艺术上以及与自然环境的有机融合上，从浪漫情调突出它。我们既要看到重理、偏情手法各具特色的空间差异性，也要看到重理、偏情手法的某种通用性、渗透性，重视情理交融的空间设计。

理性主义又称合理性。传统哲学认为，理性是人类寻求普遍性、必然性和因果关系的能力，它推崇逻辑形式，讲究推理方法。现代理性建筑设计思想萌生于19世纪中叶，其创

作观念牢固地建立在理性主义基础上,以近代科学精神为指导,关心经验支持,讲究逻辑推理方法,同时把社会进步作为建筑设计的最高价值。理性主义集中反映在功能理性、概念理性、逻辑理性与经济理性等方面,当代理性主义以阿尔多·罗西的作品为代表。

唯情主义的作品如里伯斯基设计的多伦多皇家博物馆,由原北美最大的文艺复兴式历史博物馆修建而成,水晶体的外形是对历史与传统的超越(图 6.8)。空间境界非常抽象,是"将自我提升至现实以外之境界",寻求建筑空间造型感人的不朽之作。

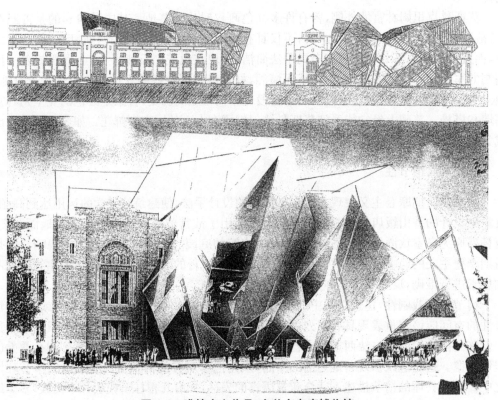

图 6.8 唯情主义作品:多伦多皇家博物馆

可触知和不可触知的空间指人置身于任何空间中,环境要素与知觉力会发生一种微妙、不可见的沟通,其结果反映在心理上有两种对立的趋势,即可触知或不可触知。触知是一种判断力,也暗示着接触的行为,触知的心理行为反应是由空间环境的实际条件和内在的判断力共同决定的。例如一个疲乏的游客欲寻某处休息时,他(她)为何选择此处而不选择彼处,这就是触知情绪的结果。然而,此处及彼处的触知力都有赖于建筑师和景观设计师的创造能力。有才华的设计者能够有目标地创造可触知的与不可触知的空间环境,并借助于创造的结构、构造、材料、色彩、质感、空间处理、符号、暗示甚至光暗来表达触知的情节。研究空间环境及其要素的触知力,有助于在空间设计中充分顾及到人在感受和使用各种要素时能够得到良好的心理享受,同时也增进人的情感知觉能力。

日本建筑师隈研吾设计的"玻璃与水"别墅的房顶,透过玻璃看到的波动的水池,与远处的天然大水面浑然一体,是可触知又不可触知的空间感,创造了动感视觉与大自然的流通效果(图 6.9)。

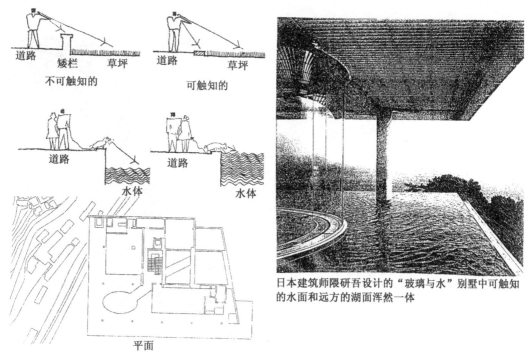

日本建筑师隈研吾设计的"玻璃与水"别墅中可触知的水面和远方的湖面浑然一体

平面

图 6.9　可触知和不可触知的"玻璃与水"别墅

八　摩登与古典，异样化的追求

　　摩登和古典，异样化追求说明建筑和时代的关系。建筑空间艺术具有鲜明的时代感，艺术永远在开创新时代的美学潮流，因此人们对美的鉴赏不会停留在一个时间上。现代人欣赏古典作品常常抱着历史观点去评价。艺术有其新与旧的潮流，现代派的摩登思潮都有炽烈的时代感。摩登主义建筑力求发展为现代艺术的先锋，当前的后期摩登主义建筑师罗伯特·斯特恩(Robert Stern)声称"我既是摩登又是现代派，但又急于要恢复传统而不失去摩登时代"。古典到新古典主义再到摩登主义和后期摩登主义，是一个历史进程。

　　异样化的追求也是人类情感的自然需求，人们永不满足曾经见过的、经验过的形式空间。观察儿童的游戏就能看出儿童所表现的寻求异样化空间的本能，他们喜欢在洞穴、桌椅的底下游戏。建筑师格兰尼的草原榛鸡住宅(Prairie Chicken House)像一个鸡窝坐落在荒草之中，室内也像鸡窝，墙壁上是木板鱼鳞片式的装修。赖特的流水别墅、理查德·迈耶的道格拉斯白色住宅也都是寻求异样化空间的表现。

　　环境的变异会使空间形式层出不穷。在奥地利四个古老的圆形煤气厂的改建中，由蓝天设计组设计的"煤气罐B"项目，运用夸张的新旧对比的手法，把老建筑进行纪念性保护，把新建的一栋学生公寓楼歪斜地与其贴在一起。建筑师认为他所设计的这栋折线形新建筑和旁边的圆形煤气老厂同等重要，这里又重新被认定为城市中心地区，恢复了历史性中心的主题，是四个圆形煤气厂改造中最具视觉张力的一个立面，给人强烈的视觉冲击力，认知度极高，效果精彩又引人注目。英国伦敦场所发展计划，采用新老建筑结合的手法，使摩登与古典的建筑空间融为一体(图 6.10)。

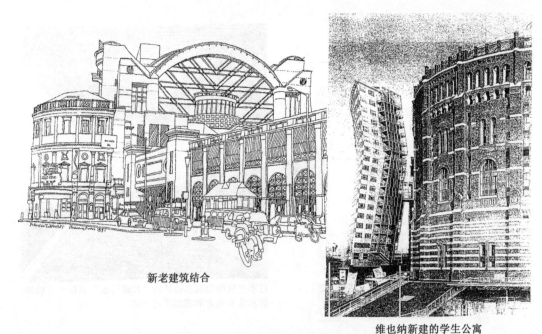

新老建筑结合

维也纳新建的学生公寓

图 6.10　摩登与古典，异样化的追求

九　空间格调，色彩和环境，有特色的办公空间

　　空间中的格调一词有价值的含义，是指建筑作品达到一定的深度水平的评价。在建筑设计的评论中，经常以设计格调的高低评价设计水平，它是一个对建筑空间表现力的综合性评价标准。格调同时也指色彩学中的深浅退晕的相对关系，格调也代表由最明亮的高光旋转到最暗的渐变的锥形体。评论建筑空间时采用这个色彩学中的同义语。

　　建筑室内空间设计讲究格调的完善和独特的风格，古典建筑罗马人私人住宅的室内空间充满华丽的装饰自成格调(图 6.11)。赖特设计的西特尔森住宅建于沙漠荒野之中，粗石、木结构和帆布顶棚与大自然整合，室内外融为一体是另一种独特的空间格调。

　　色彩在建筑空间设计中有重要的作用。艺术界鼓励建筑学家把流行艺术放到大街上去，壁画因此成为创造公共艺术的新形式。社会学家经过调查研究后指出，当壁画出现在贫民区时，犯罪率明显下降，证明居民对在街道两边画的颜色是喜爱的。在希腊和拉丁美洲农村中，房外色彩即表示主人地位的高低。运用色彩也可以使建筑物与周围空间环境相融合，以便将建筑物隐蔽。色彩也用于表示空间的标志，如 2000 年世博会上韩国展厅的空间与立面，运用色块与遮阳板开启的角度互相搭配，生动有趣。

　　20 世纪 80 年代开始流行宽大的办公室(4.8 米×10.8 米)，一进办公室便可看到屋内每个人的表情，仿佛进入了一个大家庭。只要屋里有一个人引出话题，大家就能聊上一会。20 世纪 90 年代以后，为适应新的体制，提高工作效率，改善办公条件，用半截隔断将大空间划分成若干似隔非隔的小办公空间(1.7 米×1.7 米)，内设电话和书橱，分区又穿插贯通。这是现代办公空间的产物，屋里有几个人，都在干什么，没法看到。办公空间是个人的私人领域，不受别人的干扰，对提高工作效率减少干扰是有利的，但同事之间的感情交流也被隔断了,只有站起来才能和对方说话。老板们喜欢后者,同事们还是喜欢前者。

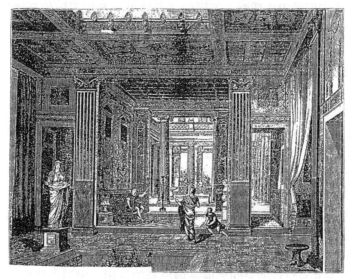

罗马人私人住宅室内

赖特设计的西特尔森住宅的厨房区域,室内室外融为一体

图 6.11　格调不同的室内空间

　　现代办公室空间的空间格调常常是开放的大空间,内部大小空间的分隔与布局灵活自由。将自然和阳光引入室内是解决情绪紧张和视听疲劳以及心理孤独感的一剂良药,且尽量创造向窗外眺望的条件。如今的办公室中偶有几盆小花,也足使人感受到自然的气息。增加室内的绿化有如下的作用:(1)美化环境。(2)丰富室内色彩。(3)绿化对视觉有放松和疏解疲劳的作用。(4)改善空气质量、调节湿度、吸尘、制氧。(5)陶冶性情,提高工作效率。(6)室内装饰,是有生命的雕塑。(7)对比刚挺直线的室内家具,可增加

美观,丰富空间情调。(8)绿化是分隔室内空间的手段之一,"封而不死",互相交融。

现代办公空间的家具设计要重视人性化的要求,符合人体工程学,提高工作效率。色彩设计可改善室内空间的卫生质量。不同的灯光效果可产生不同的环境气氛,合理的光环境使工作者如同在家中一般。

十 空间中的质感、光影、空透感

建筑空间中材料质感的粗糙程度可以唤起人们对材料表面的触觉,质感能表现建筑体的多样化触觉属性。保罗·鲁道夫(Paul Rudolph)的作品主题是材料质感的表现。他设计的波士顿政府服务中心、耶鲁大学建筑系馆都采用了粗石子的粗面混凝土,运用了夸大材料纹理的表现手法。他设计的香港利宝大厦(Lepo Building)则采用玻璃面凸凹质感的表现手法,由视觉引发触觉的感受是一种情感的转换。中国传统叠石中运用的土包石或石包土、黄石与太湖石质感和造型的对比,日本传统叠石中运用的守护石、观音石、游鱼石、控石、主人石和客人石都是造园中石材造型纹理和质感的空间艺术。

光能改变质感,颜色能改变心情,光和色都能主导人的感觉,塑造建筑空间中的质量。"颜色是儿童的",为儿童设计的空间更应强调色彩的运用。中国古典彩画是光和色优美的搭配,阳光下闪烁着金色和红色,光彩耀目。阴影下的群青和墨绿,浓重而后退。在庭园绿化中配上灯光的效果以观赏灯光下花卉的色彩,使夜晚的景观独具特色。

1 光影

勒·柯布西耶在《走向新建筑》一书中提到:"建筑空间是对阳光下的各种体量作精练的、正确的和卓越的处理,我们的眼睛天生就是为观看光照中的形象而构成的光与影烘托的形象。立方体、圆锥体、球体、圆柱体、金字塔等都是光所突出表现的主要形体"。意大利建筑师布鲁诺·赛维在《建筑空间论》一书中指出:"通过光穿越空间,这四度空间光的诱发使人把握到的是一种亲自体验和动态的成分。甚至连电影也还不具备我们直接感受的空间效果,获得那种完整而随意的领悟。要想完全地感受空间,必须把我们自己包含在其中,必须感觉到我们是该建筑机体的组成部分,又是它的度量……"光线的存在使我们感觉空间的存在,光线不但是建筑空间的重要参量,光线的强弱还与空间太小宽敞有直接的关系。光线的存在与艺术空间的存在是绝对的,没有光线就不存在建筑艺术,更谈不上艺术空间。

光的运用是近代建筑师的摩登手法,在建筑空间中,由于光线明暗的差异而有导向的作用。人的眼睛好像天生的照相机,有天然的由暗处朝向亮处的本能,这就形成了在建筑中的某些人们愿意逗留的场所。将光线设计的明暗图案与人们在建筑中的活动流线相配合,由光的引导自然而然地走向目标。在建筑室内设计中,应考虑布置一些明暗交替的部位,运用光的效果创造明暗交替的图案。

透过闪动的树叶的光线是美丽的,这种闪烁的光线给人以兴奋。和谐与愉快之感,是光线的频闪运动造成的效果,来自光源的直接光线造成很强的阴影,闪烁的光线能够创造比较柔和的光影(图 6.12)。因此,把窗户用小窗棂花格子划分,遮挡一些直接的日光,犹如树叶子有特殊的动态的光影效果,带来室内的闪烁的光线,并产生窗户上的黑白的花格图案。窗户外面的出檐也能形成一条以天空为背景的暗色轮廓,有助于看清窗户图案的细部。

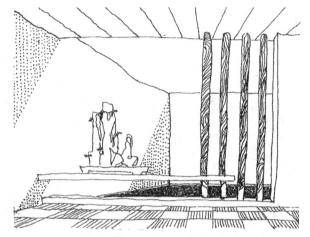

明暗的光影对比组成空间美的图案

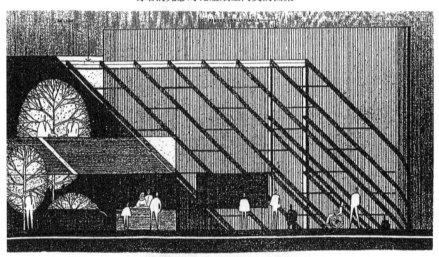

建筑阴影所形成的闪烁的光感

图 6.12　空间中的光感

2　空透感

在建筑空间中,空透感是运用重叠法而产生的。在同一个位置上可以出现一个以上的景物,几个景物在一个投影面上的同一位置上相遇,它们在深度方面的严格分离得到统一,产生空透感(图 6.13)。只有在表现透明性时才有这种重叠的效果,如玻璃、纱幕、水幕等。运用空透感少了传统观赏对象的那种明确性,使景观处于一种模糊不清的状态。在现代派艺术中,利用完善的重叠法,使景观透明,形成神秘的虚幻感。

十一　仰角透视,天顶,放眼向上看的空间

仰角透视法是在绘画中将天花板上或高台上的人和物按照透视法加以前缩处理,是

巴洛克和洛可可两派画家们特别爱用的手法。这种画法在 17 和 18 世纪的意大利甚为盛行。安德烈亚·曼特尼亚、朱利奥·罗马诺、柯勒乔、提埃坡罗等都是此项技法的代表人物，如罗马潘泰翁神庙内景仰视，现代建筑中的抽象艺术也常常强调高大的令人惊异的仰视效果。

内外相间的空间交替感

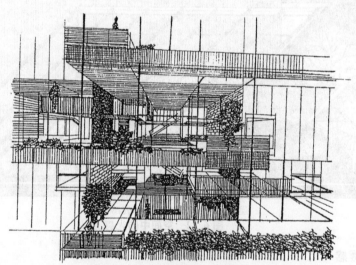

楼层之中内外相间的空间交替感
图 6.13 空透感

　　建筑中的天顶画或顶光是室内空间艺术处理的重点和高潮，每当通过许多序列空间到达主体的拱顶，或者有图案画的天顶之下，人们会掩饰不住心情的激动，脱口而出："啊！真美！"许多伟大的历史性建筑的天顶都给人以壮观的感受。天顶的空间艺术效果好像是展开想象的音乐高潮，因此天顶的美如同无声的音乐，有的华丽，有的雄伟，有的和谐而幽静。天顶设计大多统一于简单的几何形之中，正方形体、球体、三棱体、圆柱体、锥体，各有其特定的控制力。

　　赖特设计的芝加哥联合教堂的方格形井字天顶与照明结合很有特色。现代建筑大师里宾斯基设计的加拿大多伦多皇家博物馆的大厅内仰视景观确实令人惊奇！

十二　空间的留白，未完成感

　　过分设计的空间给人一种"完成了的(Finished)"感觉，再也容纳不下任何东西，缺乏交流、发展的机会。而"未完成空间"则留有余地，鼓励使用参与、变更和改造，这种在一定程度的未完成感是必要的，它尊重使用者的意愿，提供参与设计的机会，给人以"主人翁"的控制感和自信心，利于实现个性化，体现"为人设计"的设计观。在功能方面，未完成空间是灵活可变的，可实现多功能、多用途和高效率，正如中国绘画讲究的"留白"，留有想象的余地。

　　"看见又没看见"的无名墓地位于日本宫坂町，由日本建筑师 Hideki Yoshimatsa 设计(图 6.14)。由于水坝建设，以及土方工程之影响，当地人需要一处没有宗教因素的纪念性空间场所。设计采用 1 500 根 2 米高的不锈钢条，其中再植一株象征性的枯树称"Tarayoh"，同时在两边栽植新生的小树即为无名墓地。无名墓地于 1998 年 4 月完成，其成功之处在于表现人和"看见又没看见""建筑与艺术之间的裂缝"的对话，创造了一种短暂的神秘气氛。墓地空间的未完成感给人留下丰富的想象空间。又例如韩国的一处林地中的地景空间亭廊设计，在大自然的林地风景中，用木格栅栏围合一处空间场所(图 6.15)。无功能，无结构，只留给游人一处未完成感的"空间的留白"。游客游览其中会对外围的自然风景产生丰富的想象。

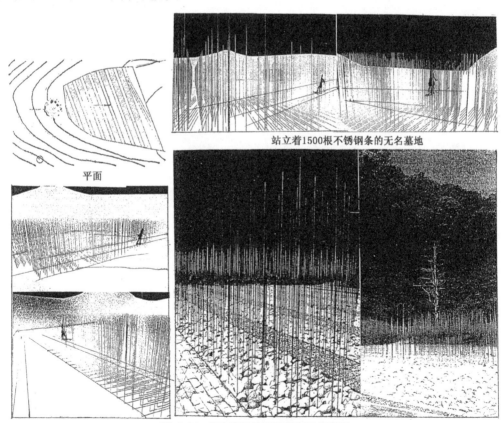

站立着1500根不锈钢条的无名墓地

平面

图 6.14 "看见又没看见"的无名墓地

亭廊断面

林地中的空间场所

亭廊平面

图 6.15 "场所性空间"亭廊

第七章 建筑空间设计的原则和方法

一 什么是建筑的实质性空间

1 城市与建筑空间发展的历程

城市和建筑空间与人类文明发展的历史同步:(1) 原始人类的行为空间:主要表现于防卫和贮存的营造活动,靠生活的体验、记忆熟悉自己的行为领域。(2) 文化人的符号空间:进入文明社会,有文字记述和语言表达,进入依靠符号生活的有意义世界。(3) 神秘空间:人类把精神寄托于天地神灵的保佑,祭祀的物质功能与精神向度并存。(4) 抽象的几何空间:从多样性和异质性的具象中,经过概括、抽象、提炼出带有共性的几何空间,建立了同质的、普遍的空间模式,开始有了三维的空间观念。(5) 功能性空间:工业生产促进了社会文明,建立在物质和功能需要基础上的现代城市与建筑空间,既是社会发展的产物,也是后工业社会发展的胚胎。(6) 人性空间:人类自我实现意识的加强,要求客观环境在更高层次上的满足,以人为中心的空间创作价值观日益得到全社会的认同。

2 建筑的实质性空间是城市生活组成的整体

建筑的实质性空间是建筑在城市中的空间关系,即建筑的内部和外部空间。建筑空间关系只有在建筑的内部空间与外部空间的交融之中才能明确地彰显出来。在建筑的空间设计中,要把建筑的内外空间结合整体考虑才是建筑的实质性空间。

(1) 城市的实质性空间由建筑的外部空间组成

在城市的空间现象上,实质性空间是时间积累的结果,城市空间的形成是一个历史过程,其空间的呈现是一连串历史事件在文化和自然条件,经济和政治结构影响下积累的结果。传统城市规划中的土地预测与真实的城市活动的分布经常不相符合。规划以道路为边界划分地块的边界,然而真实的生活却以道路为动脉延伸发展。社会的具体表现是动态的,不是静态的计划蓝图所能创造的。

例如天津的文化中心规划中的选址问题,30 年来经过多次的用地计划变迁,起初由一片菜地计划为新建政府中心,几经周折又改变为中央商务区(CBD),即现在建成的天津文化中心。原来建成的历史博物馆变成了自然博物馆,城市空间巨大的改变,决定着建筑内部空间的使用功能的改变。

(2) 在城市空间的设计中,城市规划是政治运作与土地经营影响的结果,城市和建筑空间形态是政治意识形态的产物

例如因体制和管理模式不同而出现的没有围墙的大学空间规划和层层封闭大院式空间的大学空间规划。城市规划中的限高、限宽、道路两旁建筑"穿裙子"(规划红线造成远近期矛盾的路边现象)以及沿路平改坡(平顶改为坡顶)等现象都是某一时期政治意识形态的产物。

（3）城市实质性空间与建筑空间是人们可体验生活空间组成的整体

城市空间与建筑空间是透过人的认知才产生意义的，城市空间中的方向感、认知感、地点认同感，可以经由城市建筑的外形和空间形式所产生的可指认特色而形成。

3 建筑空间在城市空间中的角色

（1）20世纪建筑的现代运动以前，建筑空间在城市空间中的角色

① 城市建筑可以表达特定的文化特征，正常中求变，城市建筑是经验积累的结果，能在建筑形式中融入文化中恒常的特质，例如天津租界时期的建筑，表现了西洋古典建筑的风格与特色。

② 建筑的现代运动以前，城市中的建筑可以表现城市生活的内容，公共建筑、私用的住宅从外表上看都有很大的区别，建筑的功能可从外形上认知和分辨。

③ 建筑的现代运动以前，城市建筑是围塑城市空间的组件。

（2）20世纪建筑的现代运动以后，建筑在城市空间中角色的转变

① 现代运动以后，建筑形式由文化的象征转变为建筑师个人作品风格的诠释。

② 20世纪20年代以后，现代建筑的国际化思潮使功能主义过分膨胀，建筑的外表形式只是功能设计的副产品，形式跟随功能，或功能跟随形式。后现代主义变本加厉地玩弄造型元素，包装建筑师大为盛行，使建筑形象表里不一。

（3）当代商业建筑在城市空间中的新角色

当代商业以及企业建筑的新形象象征城市活动的新价值。金融中心、会展中心、购物中心等塑造城市建筑空间的新概念、新企业形象形成市民指认的新地标。以前的市政厅、教堂、庙宇，被五粮液、海尔、麦当劳、沃尔玛、索尼中心、施乐中心所代替。

现代建筑空间的新概念使建筑空间成为城市空间中的独立体，取代了以往被建筑空间清晰界定的室外空间组成。

当代建筑空间新概念以及汽车的介入，造成传统城市空间与建筑空间的消失，使历史性城市中原有维持城市建筑在城市中角色的制约力逐渐消失。一种取而代之的控制城市空间的工具显得格外重要，城市设计就是这种有效的工具。当今的建筑空间设计一定要和城市空间设计紧密结合才能找回当代城市中失落的空间。

4 寻找失落的城市空间记忆

世界上有许多古老的城市，但它们的古老更多地埋存在地下，人们只能从出土的盆盆罐罐去追忆过去的辉煌。巍峨的城墙早已不复存在，今天能见到的多半是后来修复的假古董。文化的冲突和交融总是令人神往，只有漫步在少数民族生活的小巷里，才会发现异族的奇妙的边缘文化。在强势文化的夹缝中固守着自己的信仰与习惯，才会发现地域性的城中之城。这里不仅记载着人们生活的历史，也浓缩着城市的过去，在这里可以找到城市失去的记忆（图7.1）。

天津在特殊的城市历史文化背景下形成的城市空间，是杂乱之中又有序的空间形态。曾经为多国租界的城市空间恰恰因为没有统一的规划而形成它特有的多重风格。海河是其主线，街道沿弯曲的海河自然生成，弯曲的路网和不规则的街区，创造了城市景观独特的曲线美。近年新建筑空间骤然而起，新面孔与原有建筑毫不相干地站在一起，说着互不

富于地方特色的欧洲传统城市　　　　　　怀古的思念油然而生

图7.1　寻找失落的城市空间记忆

相干的语言。但作为津城本身,无论旧城还是新区却同处一个城市躯体。面对津城多重的建筑风格和城市空间格局,其城市空间和建筑形式不该被格格不入的建筑语言所替代,而应是历史文化的延续。由于天津的景观层次已经确立,在城市的无序中建立了有序、新兴的城市与建筑,应遵循已有的城市肌理。这样,新的城市空间才能与固有的城市肌理叠加在一起,呈现出统一的脉络,把握城市的个性,使旧城市扣着主题继续发展并充满生命力。

二　建筑空间设计方法

建筑空间有许多构成要素,能否求得表现建筑空间的规律性的法则,可以从多个方面分析。

1　空间概念的图解法

空间的限定有多种方式,有焦点空间、方向性的空间、区域性空间。空间还有不同的深度和层次。空间也可以划分为武断性的、结构性的,不同的空间组织有各自的特性。建筑空间设计难以用传统的平立剖面图来表现,需要探索建筑空间设计的空间概念的图解方法。正如前章所叙述的有关建筑空间概念的图解是构思空间设计的重要方法。

2　方案设计合成法

常见的许多广场设计只是图形叠加而缺少情感空间的叠加,这种合成叠加应该是同类的情感空间要素的叠加,而不只是形式构图的叠加。只有这样,才能表达其特定的空间设计的情感主题。常见的空间处理是多样化的,缺乏明确的主题,经常因混杂而失去特色。

3 功能表现法

分析建筑空间设计的功能要求、思想情感同样也具有功能性,例如在悲情的纪念性空间或欢快的愉悦空间场面都需要相应的功能环境来衬托。喷水池并不是可以到处乱用的装饰品,应有它在空间中的功能性、目的性。例如在巴黎人流聚集的街道上,人行道边的一处小型喷水做得比较巧妙,水流好像把地面上的铜板拱起,增加了情趣又不影响行人的流通,也不过分地引人注目而干扰交通,其功能表现恰到好处。

4 流线组织法

流线在人们心目中如同一幅地图,可不费思索地引导你到要去的地方。以通顺而明确的流线体制表现演变中的建筑空间,就像音乐由序曲达到高潮。连续的流线再达到下一个次要的区域空间,每个流线空间应与下一个区域有明确的联系。北京故宫的空间序列组成,由中华门开始直到钟鼓楼的轴线上贯穿着情感的演变。在组织流线过程中的"通过",如门楼、门洞、牌楼、出入口等一系列必须穿行而过的程序,这种通过感的过渡也是界定情感空间转变的标志。

5 分析法

分析法即以逻辑的推理寻求空间设计的图解。模拟前人的经验是重要的,学习大师的作品或者看上去和曾有过的什么有些相似,都可以获得类似情感的产生。比如毛主席纪念堂看上去有点像林肯纪念堂,都具有纪念性,经过分析是可以借鉴的。如果一个纪念性的建筑看上去像火车站或别的什么,产生不相干的空间认知则至少是缺乏对作品空间创作的追求。

6 用真情唤醒生命

优秀的建筑空间设计不需要奢华、富丽。它应是一个自然、灵活、随意的场所空间,是一个自发的生活舞台,其特点应包括与生活同义的各种活动。

(1) 安全

安全是人的基本需求,建立空间领域的限定,保证该空间领域内从事某种活动的确定性与安全性。

(2) 功能多样化

建筑空间中容纳不同的成分,以保证其内部活动的多样性和持续性,各种功能所需的空间可以是兼容的。

(3) 基本人群的确定

要确定服务的人群和适当的空间范围,过大的范围则超出了人的控制能力所及和视听限度,弱化了人们的归属感与认同感,不利于公共活动的组织。在活动空间中,要有相应规模的最基本、最紧密的人群组织,他们是空间活力的支持者,是空间中公共秩序的维护者。

(4) 设施

空间中的环境设施可用来分隔界定空间,还可提供情感的发生点,为人的停留提供依托,促进各种行为活动的产生。研究把握人们活动的行为心理,引导和调动人们的积极性和责任心。

7　感知逻辑

对空间环境的逻辑感知是一种理性思维过程。

（1）信息的传递

信息的传递指空间艺术处理所反映的抽象内容，可分为图像、指示和象征三种。

（2）联想的激发

有意识地加强空间各组成元素的联想诱导性。由有意识的联想变为无意识的联想，进入更深入的理解。

（3）形象的移情

基于以往的记忆和习俗的直接感受综合产生形象的移情。主观情感向客观对象的移入，要具备两个条件。首先是移情的形象要能唤起某种情感体验的类似联想，二是形象同时能表达这种被唤起的情感，例如"红色双喜"与"白色花圈"分别表达吉庆与不幸。

8　时空感知

（1）空间的围合

空间的围合可分开放与封闭两种，封闭易生压抑感，开放有离散感。

（2）空间的形状

线形空间有"动"的特质，面形空间有"静"的特质。

（3）空间的序列

空间形态有机的变化，称为空间序列，空间序列变化可通过空间曲折、节点处的收与放、开放与围合的变化来达到。

（4）空间的尺度

空间的知觉尺度指人与物直接发生作用，人距离物的远近影响人的知觉作用和结果（图7.2）。人体尺度的应用指尺度本身以人为标准，分为近人、宜人、超人三种。

9　视觉感知

视觉感知对外界进行选择加工，具有选择性、补足性、辨别性，可分为深刻知觉、图形知觉、色彩知觉、空间知觉。

（1）水平与垂直

人的视野大致呈水平方向的椭圆形，水平方向更接近人性，更具人情味，在高层建筑中通常强调底部水平方向及细部设计。

（2）细部设计

人眼向下的视野较向上为大，地面上的物体为最多出现的物体，如铺地、环境小品、建筑细部、绿化等。

（3）图形与背景

可从背景中分辨出物体，轮廓线为一重要的图形因素。

（4）环境中的视觉焦点

置于光亮区，或为最引人注目之处，可突出重点，画龙点睛。

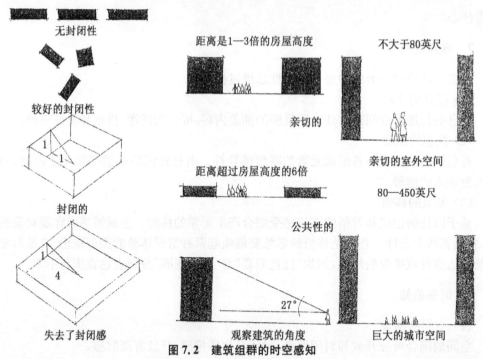

无封闭性

距离是1—3倍的房屋高度

不大于80英尺

较好的封闭性

亲切的

1
1

亲切的室外空间

封闭的

距离超过房屋高度的6倍

80—450英尺

公共性的

1
4

27°

失去了封闭感

观察建筑的角度

巨大的城市空间

图 7.2　建筑组群的时空感知

格式塔(Gestalt)完形心理学认为经验不是各部分之间简单的总和,经验包含文化的反映。人们的思维意念对环境的反映能够引导出更多的解释。因此,人们通过学习和鉴别能够看到比实际更多更丰富的东西。人的内在感觉有巨大的伸缩能力,建筑师运用格式塔心理学的图形作用可表现更为深刻丰富的语言,正如人们的思想经常局限于他们想过的语言,然而理解能使图形具有更深层的含义。

格式塔是研究视觉心理的科学,对建筑学中的视觉感知有重要意义,如封闭性的因素、相似性的因素、对称的因素、黄金分割、各类图形的渐变、具有含义的视觉要素等,对人们观察空间的视觉感知均有重要意义图(7.3)。

10　建筑空间界定与地域文化

从构成角度看,建筑形式是内部体量和外部空间之连接点,在不同的文化背景下,不同的建筑形式构成了具有特色的外部空间。中国古典建筑的大屋顶,反映出中国人对宇宙空间与自然的亲和关系。伊斯兰教堂内部空间的那种魅力,表现穆斯林将宗教作为团结的精神力的中心。建筑形式的含义既有文化上的特殊性,也具有一定的空间普遍性意义。

11　空间中的时间与运动

人在有组织的空间序列中活动,既包括对空间的静观,也包括对空间的动态观察。由明到暗,由冷到热,由闹到静。空间所散发的气息,脚下地面的触觉,都对空间感受起作用,且都通过可以感受的运动完成。城市与建筑设计是与时间相关的艺术,在任何气候和光线条件下都能被人观察体验,不同的人会有不同的空间意向。

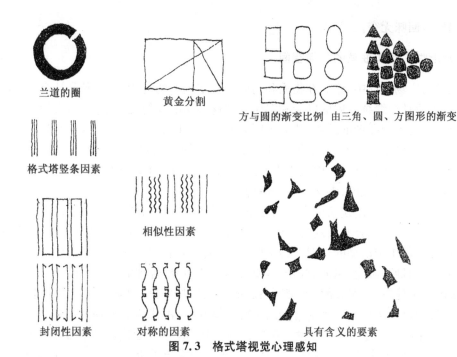

兰道的圈　　　　黄金分割

方与圆的渐变比例　由三角、圆、方图形的渐变

格式塔竖条因素

相似性因素

封闭性因素　　对称的因素　　　具有含义的要素

图 7.3　格式塔视觉心理感知

三　建筑外部空间的操作

空间可划分为硬性空间和软性空间两大类,建筑空间设计不能脱离城市的外部空间环境,要从外部空间入手。

(1)硬性空间如历史性的广场、历史性的街道、开放与密闭的场所、集聚外观的空间、纪念性与亲密性的空间、信息空间等。

(2)城市中的软性空间可划分为人性的空间、象征性的空间,以及乡村空间、公园绿化空间等。

1　硬性空间场所中有形和无形的要素

城市中大量的硬性空间是广场空间,广场中有形的要素是视之可见的,如建筑物、场地、绿地等;无形的要素是社会的、道德的、民俗的、情感的,无形的情感要素要利用空间环境气氛的渲染形成情感的序列。

进入空间的入口处首先要收心定情,做发端起景的处理,有实发和虚发两种,实发用具象的事物,产生较强的刺激引起人们的注意,从而把情绪收拢到目标上来。虚发用于题词、匾额、牌坊等虚拟内容,给人以步入空间的意向,是静态发动和弱发动,比较含蓄。

空间中情感的延续发展,常用一些诱导性、导向性、断续性和延续性的景物,使人的思潮起伏,强调蓄势与展势。情感在空间中的高潮迭起,有豁然开朗之感,为之一振。在建筑空间中如果不渗入社会活动,这种高潮很难形成,可设置前景作铺垫,背景作反衬,加强主景的吸引力。

情感空间的收尾要做到情断意连,一般采用虚拟的手法,造成一种回味,景断而意不尽,留下悬念,回味无穷。

2　功能性广场和抽象的几何空间

在现代的广场设计中,建立在物质和功能需要基础上的现代建筑,既是社会发展的产物,也是后工业社会继续发展的胚胎和温床。在这些功能性的几何空间中,人们舍去了各种感官所获得的不同图形的原貌,建立了同质的、普遍性的空间模式。这种空间组合只强调三维的空间概念,其功能适应的模式却很单一且空间比较封闭。人类的需求随着生活水平的提高而多样化、多层次、以人为中心的空间,自我实现的意识日益得到全社会的认同,广场空间应成为多元的、多义的复杂综合体。

城市广场不应只是由建筑围合的物理空间,只注重它的构图形式美观,现代城市广场的含义应该是人民群众公共活动的场所。城市广场的地域、大小、视觉的组合,是设计处理的基本要点,使用和活动的情况是最重要的,应关注人们在广场空间做些什么。要考虑广场的小气候:日照、温度、风向、灯光等,要有明确的边界、合理的交通组织。

在城市中由建筑、道路、绿化地带所组成的公共广场空间,是城市中公共社会活动的中心,又是集中反映历史文化和艺术面貌的主要场所。古代希腊的城市广场是宗教、商业、政治活动中心。17世纪至18世纪法国巴黎的协和广场,近代巴西利亚的三权广场,都是广场设计的代表作品。现代城市生活对广场空间提出了更多、更广泛的功能要求,有集会广场、交通广场、集散人流和车流广场、文化休息广场、纪念性广场等。城市广场是一个由自然和人工环境所围成的三度空间的形式,有规则布局、封闭、下沉式多种形式。

在广场的几何空间中,由文丘里(Venturi)等人设计的西方广场最具特色。广场由四周道路包围,地面铺面的几何划分表现当地格子状的街道秩序,同时也特别强调了宾州大道的意义,显现其在首都城市地区邻里中的地位。华盛顿公共广场以花岗石铺面表现华盛顿特区的历史性街道和街廊,地面上刻画着邻近的博物馆等建筑的平面图和名人语录,像是一个平放的布告栏。广场上没有三维的立体空间,甚至没有一棵树,只见广场上的人群低着头观看地面上的浮雕和文字信息(图7.4)。

3　街道空间的演变,拼贴的城市空间

古代的坊和市都是呈内向的空间,坊是宽阔大道可供马车行驶,坊内十字街供人步行,形成两套交通系统。唐代商业街兴起,市内沿街的住宅、店铺、茶肆,形成繁华的商业街,使城市中的建筑由内向改为面向街道的外向。随着现代交通的发展,快速交通打破了传统街道的安静和谐的空间关系,现代街道设计"以车为本"。汽车使街道及建筑物体量加大,细部处理丧失,建筑由单体轮廓转向群体轮廓,街道设施尺度变大。然而,街道是衡量城市空间特色的标准,传统街道会给外地人一种异乡情调和传奇色彩,街道空间能反映出城市空间形态和生活在其中的人的品格。后现代设计的"以人为本",显示了高度重视与高度破坏中的矛盾,我们需要认真思索传统街道与现代街道之间的协调与统一。

20世纪三四十年代的街道以及方格网街区形式的出现,改变了欧洲传统曲线形小尺度街巷的形式。从战后新建的许多城市边缘新区以及郊区新建的城市中心区的景观来看,产生了许多新型的街区布局模式。但终究我们可以得出结论,街道的意象是沿街边的地产划分而得出的外部表现。芝加哥的玛丽娜城是现代化的综合性街区空间,集公寓、文

查尔斯·摩尔设计的华盛顿公共广场，地面上刻画着当地的地图以及博物馆的平面和名人的语录格言

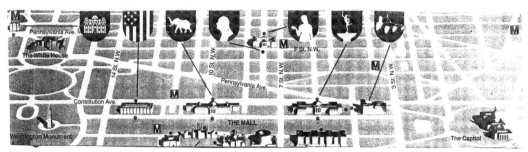

美国华盛顿中心区的导游地图

图 7.4　功能性广场和抽象几何空间

化、娱乐、商业于一体，并且在建筑自身组织了水上、停车等交通系统，改变了传统街区的概念，城市空间与建筑空间内外融为一体。传统的街区形态与现代街区相比发生了很大改变。形态指其部分和整体的内在关系，街区的形态是对街区本身独立存在的生命力的挖掘。

20 世纪 70 年代，罗威(Rowe)提出的拼贴城市理论旨在谋求一种传统城市形式与未来理想城市形成的组合策略，以得到适合于时代发展又代表最完美人性的开放城市空间形态。罗威认为拼贴在当时是唯一能够处理未来理想与传统二者之一或二者兼而有之的根本问题之途径。介入社会的拼贴的建筑客体并不需要产生巨大的效果。拼贴法采用传统部件但并不被传统设计原理所束缚，只取其形而断其意。拼贴在当时成为一种任意的、随机的和为现实需要服务的"历史主义"设计方法。如果在广泛的异质性范畴，设计安排重叠式错置的拼贴关系，那么城市与建筑空间将能够在拼贴中成长、更新(图 7.5)。

4　相互影响的开放空间

在城市的软性空间中，空间之间有互相转化的关系，根据需求共享、分离或互惠，室外的室内，室内的室外，空间之间的生长感与无限性，体现它们之间的谨慎的平衡。例如我们可以设计风暴中的沙漠绿洲，20 世纪的石头花园或文艺复兴的重游，黄金色的季节或大地的裂缝，漂浮的水面，时空机器或从废墟到休闲，从大地中塑造的奥林匹克半圆剧场或大自然与几何形的对比等，但其中的人性成为最重要的要素。

城市的公共开放空间的内容往往是多种功能混合的多种形式的场所，在美国南加利福尼亚有峡谷中隐现的屋顶，在澳大利亚墨尔本城市地区内保留有自然的山沟，在哈尔滨未被开发的松花江岸边，都是居民喜爱的公共性开放空间。

街道的空间秩序　　　　　　　　　　　　　传统的拼贴秩序形态

图 7.5　拼贴的城市空间

体验与自然界的联系是人类的天性，领略大自然的脉搏亦是人的本能。人们从自身的情感世界中，架起通往自然的桥梁。天然光线、天籁之声、花草芬芳都会令人心旷神怡。户内外环境的衔接，天然材料的运用，自然现象的模拟与隐喻，融入自然活动的空间场所，会令人产生一种诗意，一种动感。大自然是最富于情感的开放空间，可提供平衡心灵所需的支撑和平静。

5　历史性空间遗产和未来的启示

过去与未来的空间景观都常常体现在城市软性空间的设计项目之中，城市景观中的软性空间设计是希望与梦想的记录。对古树的尊敬可以思念过去，创造宁静的冥想空间可以梦想未来，对老城景观的护卫就是对历史先烈、先逝者的纪念，纪念死者即有复兴的意念。西方社会的许多墓园修建在市区内有它的优点，亚拉巴马州的美国民权纪念碑，令人冷静；华盛顿越战纪念碑如同大地上的裂缝，城市景观中雕塑与情感空间的微妙处理是过去、现在与未来的象征。城市中的自然环境景观与人为环境景观的交替是善待居民的绿色的平衡艺术。

6　软性空间，公共性景观空间

公共性景观空间即开放性的空间，凡人流集散的空间及场所必定具有公共性，人是社会性动物，人的行为离不开公共交往活动，建立公共性场所的目的在于建立与健全人际的交往空间。在拥挤不堪的城市生活中，人与人之间的亲密关系受到影响，公共性交往空间的塑造，有利于人际关系的改善。近年来，我国许多城市热衷于修建大广场不无道理。大连市建造了大量的市民广场,不仅是美化城市的需要,而且也提高了城市的亲和性与居民文化素质。公共空间好像是社区生活的一个大房间,在城市中应该有必要的容量、数量和间距。

在公共性的开放空间中,最真实的美是建立安宁的景观空间。在城市的心脏地区有一处自然的空间至关重要,或是公共性开放空间中有令人思念的纪念性园地,或是大街上的绿带和城市开放空间构成系统,或是拥有吸引人的滨水公园。

城市规划与居住社区的发展说明城市的进化是一个生长的过程,城市沿着道路和水路向外延伸,城市中经过维护的自然环境逐渐被包容在市区之中,星星点点地分布,构成城市中的景观空间和郊区的城市中心区。要使城市继续和谐成长,要开展自然生态的重建与恢复,这需要自然环境景观和城市景观的相互影响与渗透。把可绿化起来的绿色建筑作交通站点。像纽约一亩公园那样,小花园可形成城市中的绿色宝石;像波士顿那样,以河湖构成城市中的欢庆场所;像新奥尔良那样,把密西西比河入海口沿岸的仓库码头和废弃的火车站改造成商场和休闲场所。巴黎塞纳河边的火车站改建成了奥赛博物馆,这比新建的城市公共中心更具有吸引力。

四 城市与建筑空间设计理论

罗杰·特兰西克(Roger Trancik)所著《找寻失落的空间》一书中归纳出了三种城市与建筑空间理论,即图底理论、连接理论和场所理论。各理论之间的差异很大,但综合归纳之后,有助于我们进行整体性城市与建筑空间设计工作。

图底理论研究建筑实体和开放空间虚体之间相对的比例关系。在空间设计中,用图底法可以掌控空间形状的增减变化,决定空间的图底关系,以建立不同的空间层级,以抽象的二度平面观点,说明城市与建筑空间的结构与秩序以及城市中的建筑实体与虚体的关系。

连接理论着重探讨以"线"连接各空间元素。这些线包括街道、人行步道、线形开放空间,或其他空间之间的连接元素。采用连接理论的目的在于组织一个空间的连接系统或网络,以建立有秩序的空间结构。连接理论强调动线示意图。

场所理论比图底理论和连接理论更进一步地将人性需求、文化、历史及自然涵构等因素加以考虑。场所理论结合建筑的独特形式及文化环境特性之研究,使城市与建筑实质空间更为丰富。通常将历史和时间因素纳入空间设计,使新的设计与既有状况配合。

这三种理论各有其实用价值,最好是综合运用,使建筑的实体空间与虚体空间结合起来,将各单元空间之间的联系组织化,并表达人性需求及特定环境之独特元素。在进行城市与建筑空间设计时,必须同时运用这三种亲密不可分的空间理论。

1 图底理论

从黑色图底代表虚体空间,白色代表实体建筑的地图分析中可以发现,城市是一个界定明确的实体及虚体系统,建筑群之容积率比外部空间密集,并塑造了公共开口的形状。在图底的空间与背景的关系中,空间即主体,户外空间是正性的虚体,比周围实体更具有实质性意义。这种观念与一般将建筑物实体视为正性单元相反,认为虚体就是实体,实体建筑是衬托虚体空间的背景。

（1）城市与建筑实体

城市与建筑实体在城市肌理中扮演主要角色，一般都是视觉焦点配置在开放空间的主要位置，如市政厅，一般都是独立存在。一般而言，公共纪念物和机构之前往往有宽阔的入口台阶，前有广场，其开放空间的重要性不亚于建筑实体本身。这样的著名广场很多，如威尼斯的圣马可广场，在密集、错综复杂的城市及其外在宽广的水面之间，整个大广场形成一个有意义的虚实转换空间。

建筑实体的第二种重要形态是城市的主要街廓场域。街廓的大小、模式及方向性，都是公共空间组合中的重要元素。场域由事先决定的单元重复组织而成，如住宅区、办公区、零售区、工业区等，各使用分区保持适度的距离、体积。街廓有时会形成一个邻里群体形式组成。

城市建筑实体的另一种类型是具有方向性或界定边缘的建筑物组成。这些建筑物具有特定形式，通常采用线形特性。建筑物面随林荫大道，形成圆环或广场，成为该地区的边缘。在空间设计时，必须将这三种城市实体形态结为一体，使虚体成为连接实体空间的图形网络。

（2）建筑虚体

城市中的建筑虚体和实体一样，也可分为几种形态，虚体空间必须可以和实体空间分割和融合，以提供功能及视觉上的延续性。建筑物与外部空间密不可分，有相互结合的关系，可创造出一个整体及人性化的城市空间。

城市中的外部空间依其开放或封闭程度，可分为五种虚体形态。第一种是入口前庭，指位于私人领域与公共范围之间的过渡空间或通道。就尺度而言，入口前庭是个公共又私密的亲密空间。第二种是街廓内虚体，是供人们休憩或工作的半私密空间，也是公共空间的重要过渡空间，是居住空间之休憩、娱乐的场所，或是花园城市中的街廓内绿洲。第三种是与街廓主要场域相对、容纳城市生动公共生活的街道和广场等基本网络，街道和广场是城市设计及空间组织的主要结构。第四种是公园及庭园，是与城市建筑形式相反的大型城市虚体，是城市内保留自然风貌的地点，与城市格网相配合，提供乡村气息。第五种是线形开放空间系统，一般与河流、河岸、湿地等主要水域特色有关。

图底理论的重点在于如何操作组织城市实体与城市虚体，唯有保持城市实体和虚体间的完整、明确的关系，空间网络才可能成功运作。在城市设计中，不能一味地追求建筑实体的布置，而必须考虑建筑与虚体之间的结构连接等问题，这样建筑物与空间才能和谐有序地并存共生（图7.6）。

在建筑空间设计中运用图底理论主要考虑的是建筑的图形与背景的关系，例如衬托的设计手法。衬托是一种图形和背景的关系，衬托所表现的简洁明确的空间效果是由图形与背景相互作用而产生的，不同的图形和背景的关系留给观赏者不同的空间感受（图7.7）。例如用调和衬托出对比，用微差衬托出主导。各种构图手法均借用衬托，中国园林设计中的借景是各种造景手法离不开的衬托手法。勒·柯布西耶有句名言，当你要画白色时去拿你的黑笔，当你要加黑色时去拿你的白笔，这就是衬托方法的运用。

图7.6中美国纽约西格拉姆大楼首层大厅的图底分析，黑白灰三色表示入口大厅室内外布局的空间关系，白色为建筑实体，灰色为室外绿地。

图 7.6 还列举了澳大利亚墨尔本 1836 年的街区空间划分，19 世纪时次一级的街区划分，20 世纪的街区土地重划。

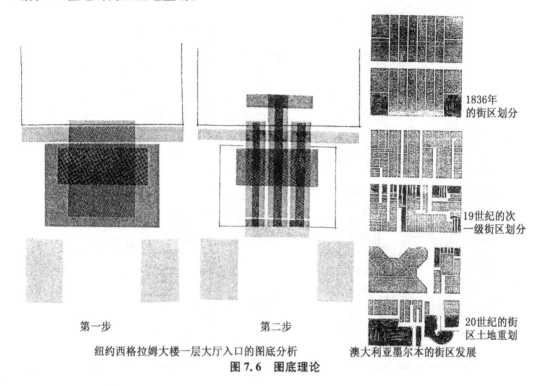

第一步   第二步

1836年的街区划分

19世纪的次一级街区划分

20世纪的街区土地重划

纽约西格拉姆大楼一层大厅入口的图底分析   澳大利亚墨尔本的街区发展

图 7.6　图底理论

2　连接理论

影响空间连接的因素包括建筑基地的境界线、移动方向轴线或边缘建筑物等，在改变空间环境时，这些因素共同提出一个恒常不变的连接系统。日本建筑大师桢文彦认为连接是城市与建筑外部空间的最重要特性。他说："连接就是城市中的胶合物，整合城市中的各种活动层面，以城市实质形式表现在外……城市设计探讨的问题就是在不同事物之中，如何达成整体性的连接，以各元素的组合形成一个庞大的整体。"他将城市空间分成三种形态，即组合形式、超大形式、组群形式。他认为组合形式是以抽象的模式组合二度平面图中个别建筑物。连接是内敛非外显，个别物体之间的位置及形状制造彼此间的张力。连接理论中第二种形式是以一个有层级的开放端将个别元素相互连接成一体的大架构从而组成超大结构系统。连接是构成结构的实质因素。在超大形式的紧凑结构中，以顶盖封闭内部空间，正式区分内、外空间，整个结构完全不考虑外部空间。以大尺度大空间涵盖自我环境，往往由高速道路网决定其形式。第三种空间连接形态为"组群形式"，由不断积累的元素组成，是许多传统城镇中的典型空间组织形态。在组群形式中连接，既非发自于内，也非生之于外，而是自然成长集聚的有机、自发性结构。

桢文彦的三种空间形态皆强调在设计时连接是控制建筑物及空间配置的关键意念。公共空间组合必须有整体性，在进行个别建筑物或空间的规划之前，就应先决定公共空间的组合方式。连接理论是 20 世纪 60 年代最受欢迎的设计思潮。

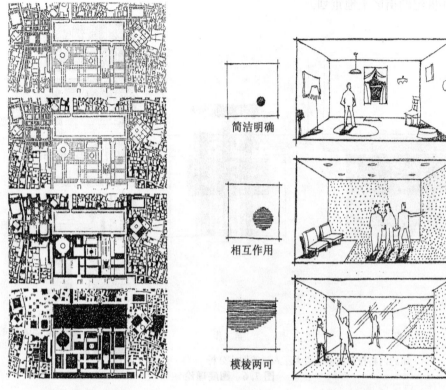

伊斯兰庙宇的虚实分析　　　　　　　　　图形与背景的衬托关系

简洁明确

相互作用

模棱两可

图 7.7　图形与背景的关系

　　彼得·库克(Peter Cook)1964 年提出的嵌入式城市设想,即是在此观念上更进一步地阐述未来的连接理论。在一个巨大的斜撑构架中,服务管道、供应系统及电梯等,交织成一个新结构。随时可以替换的预设单元插入结构之中,水平交通系统连通社区的不同楼层。这个设想沿着水平及垂直动线,塑造一个非空间的外观形状。这是一个强调新时代未来社区的设想,并未考虑保存传统由实体及虚体所构成的空间。嵌入式城市设想方案这类未来主义者的观念扼杀城市空间的传统社会功能及外部空间的重要性。

　　在风景透视原理的运用中,在建筑群体组合的布局方式中,都有空间连接理论的运用。在风景空间构图中,无限的空间是视线瞄准的目标,但眼睛却看不到它。无限空间聚焦点的位置代表无限,它是可及的,同时又是不可及的。从景观空间构图中,可以看出向着这个极限运动的倾向,因此无限是运动的延续与伸展。创造无限的空间是现代艺术思潮的一个主要特征,在中国古代的造园艺术中有许多扩大空间的手法,例如把一个同时性的空间转化为不同时间中发生的一连串事件,也是运用无限空间的一种手法。

　　建筑群体连接组合的方式多种多样,焦点式的组合是建筑全部朝向一个共同的焦点,无论焦点向内或向外,形成分组的朝向焦点的建筑群体。沿线式的建筑组合方式是沿着线形向两侧伸展出若干个建筑组群,面式或节点式的建筑组合方式是建筑群体各自围合成向内的空间,在建筑组团之间用绿化隔开,或做成构图显明的内向建筑节点式组合体。大体上说,点、线、面这三种建筑组合连接方式是布置居住建筑群经常采用的方式(图 7.8)。

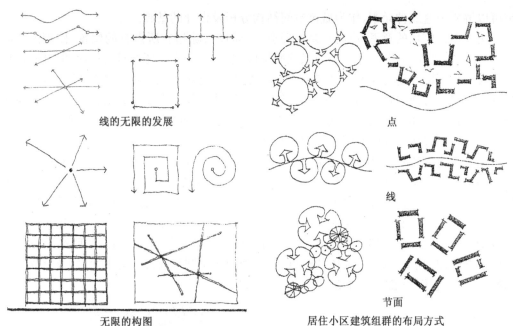

线的无限的发展

点

线

节面

无限的构图

居住小区建筑组群的布局方式

图 7.8 连接理论

3 场所理论

场所理论系根据实质空间的文化及人文特色进行城市及建筑设计。"空间"是由可进行实质连接,有固定范围或有意义的虚体所组成,空间之所以能成为"场所"是因为其文化或地区内涵赋予了空间涵构意义。空间形态可依据其实质特性的类别或形态予以区分,每一个场所受其周围环境特性的影响,形成独特风格。这种风格由实质材料特性、形状、质感、颜色等具体事物,以及人类长期使用痕迹等相关文化事件共同形成。

诺伯格-舒尔兹(Norberg-Schulg)的《场所精神》一书中最重要的论点是:"场所就是具有特殊风格的空间。自古以来,场所精神如同一个具有完整人格者,如何培养面对及处理日常生活的能力。就建筑而言,指如何将场所精神具象化,视觉化。建筑师的工作就是创造一个适于人居的有意义的场所空间。"

对设计师而言,要创造一个真正具有独特涵构的场所空间,除了必须探讨当地的历史、地区的情感与需求、传统手工艺、特殊材料等之外,还要了解当地的政治背景。

凯文·林奇(Kevin Lynch)的场所理论认为:"每个地方不但要延续过去,也应展望、连接未来,每个场所都持续地发展,要对其未来和目标负责。从童年时期开始,空间和时间的概念就一起出现和发展,两者的形成方式和特性在许多方面都极为类似……不论个人的看法有何差异,空间和时间是我们安排经验的大架构。我们生活在时间场所之中。"林奇在城市设计名著《城市意象》中,提出三项城市设计原则:(1)易明性:漫步在街道中,使用者心中浮现城市图像;(2)结构性和自明性:城市街廓,建筑物、空间等,具有可辨识、一致的模式;(3)联想性:使用者移动时的感受及人们对空间的体验。林奇认为,一个成功的城市空间,必须符合上述条件,而他所讲的"城市形式元素",即城市的各单元,必须依照这些准则设计。五种城市形式元素系通道、边缘、地区、节点及地标。林奇认为,每一个城市可以解析为这五种元素,作为城市空间结构分析及设计的基础。

　　场所不是广场的意思,广场只是物理空间,而场所除指它所占有的位置、使用的空间外,以及由实质性环境、人的活动与感觉所组成的完整体,有时还指具有层次的空间领域,包含着人与环境互动的主题。建筑现象的主题是以自然和人为的元素所形成的综合性"场所"。我们可视建筑空间为"场所的形成",经由建筑物人们赋予它实存的意义,且聚集建筑空间去想象和象征人们的整体生活方式。因此,场所的本质取决于它的位置、一般空间轮廓和清楚表达此场所空间个性的特殊处理。

　　场所理论的核心是城市与建筑空间中的文化性,要继承人类的文脉思想,建造人性的空间。文脉指人文主义思想的延续,古代希腊的人文主义的重要观念是人体最美。古典雕刻家菲狄亚斯说:"再没有比人类形体更完美的了,因此我们把人的形体赋予我们的神灵。"文艺复兴时代的人文主义学者都热爱这一观念,意大利建筑家、艺术大师达·芬奇进一步用几何母题来表现其理想人体,即人体四肢伸展后,以肚脐为中心,四肢端点分别可接成正方形和圆形。基于对人体的热衷,建筑师倾向于圆形或方形的平面,以及穹顶生成的教堂,因为它们是最完美的几何形空间(图7.9)。

舒尔兹《场所精神》一书的封面　　　　　　　　"理想人体"

图7.9　场所理论

第八章 教育部礼堂空间设计分析

　　教育部礼堂位于北京西单大木仓胡同,由天津大学荆其敏设计。建筑面积约 2 300 平方米,设有近 1 300 个座位,该建筑是一座形体简单的简易礼堂,造价很低,由北京一建施工,1983 年底工程完工。由于投资少,内部以开会为主,设计在最简单的矩形空间中安排内部的多种不同的空间需求,并力求在室内空间变化中和细部处理中取得艺术效果。设计曾获 1980 年全国中小型影剧院设计竞赛的佳作奖,建成后 1987 年获建设部优秀建筑设计银质奖。该建筑是一座经济简单空间设计的精品(图 8.1、图 8.2)。

规模 1280 座(池座 502	侧座与楼座 778)	
总用地面积	5950 平方米	4.05 平方米/座
总建筑面积	3119 平方米	2.44 平方米/座
观众厅体积	4896 立方米	3.83 立方米/座
观众厅面积	792 平方米	0.62 平方米/座
门廊	78 平方米	0.06 平方米/座
休息厅	524 平方米	0.41 平方米/座
化妆室	311 平方米	

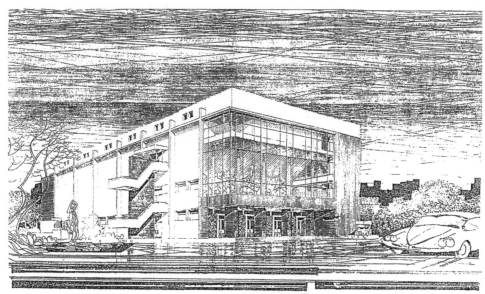

图 8.1　教育部礼堂外景

一　空间中的交替

　　教育部礼堂设计采用 24 米标准钢桁架单跨结构,平面 24 米×41.2 米的简单长方体空间,结构简单经济。内部以空间交替的方法解决前厅、观众厅、后台、公厕等多种功能

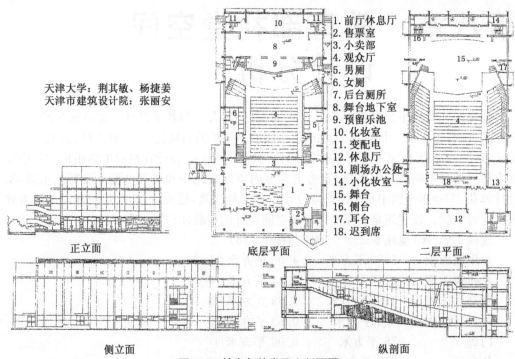

天津大学：荆其敏、杨捷姜
天津市建筑设计院：张丽安

1. 前厅休息厅
2. 售票室
3. 小卖部
4. 观众厅
5. 男厕
6. 女厕
7. 后台厕所
8. 舞台地下室
9. 预留乐池
10. 化妆室
11. 变配电
12. 休息厅
13. 剧场办公处
14. 小化妆室
15. 舞台
16. 侧台
17. 耳台
18. 迟到席

正立面　　　　　　　　　底层平面　　　　　　　　二层平面

侧立面　　　　　　　　　　　　　　　　　　　纵剖面

图 8.2　教育部礼堂平立剖面图

的需求，由室外楼梯通达侧面的庭园作为休息厅。

　　在统一的大空间中采用内部空间交替的手法，在空间利用上最为经济紧凑。在主体空间观众厅中采用跌落式的看台，使楼座空间与池座空间互相交替，跌落式看台下部的三角形空间正好作为卫生间的附属空间。前厅空间的处理是水平空间与垂直空间通过中央天井达到空间上互相交替的效果，以增加空间中的层次感和各自空间水平和垂直相互衬托的效果，创造了前厅与观众厅之间的交替构图要素，取得了更为生动有趣的空间效果。交替是教育部礼堂空间中的重要设计要素，有重复、层次、韵律之间的内在关系。运用交替空间手法可以达到空间多样、统一的目的，交替的空间不仅节约了面积，还可以创造有韵律的层次感，例如空间中色彩的交替，暖色和冷色的交替，以及同一颜色的两种不同处理的交替等（图 8.3）。

二　观众厅空间内部的和谐

　　教育部礼堂的观众厅空间是建筑整体中的主体空间，采用跌落式看台，使池座和楼座在空间中连接为一体，会场内整体统一，并有良好的视听效果，氛围和谐亲切（图 8.4）。观众大厅的天花吊顶和墙面装饰图案运用了和谐的手法，使图形与色彩达到统一，兼有声学效果。观众厅的天花板为石膏板轻钢龙骨船形拼装吊顶，交替安装，墙面为石膏板木龙骨护墙，折面安装。石膏板分为浅米黄色、深黄色及白色三色图案油漆饰面，墙面绘金黄色饰带，组成色彩调和的图案。天花板以白色和米黄色组成图案，使天花板与墙面的色彩和图案相互调和，又和观众厅中的座椅、门、硬木条墙裙形成和谐统一的色彩效果。在施工中略去了浅米色的中间色，并以大红色丝绒大幕取代了原来设计的更为和谐的金黄色

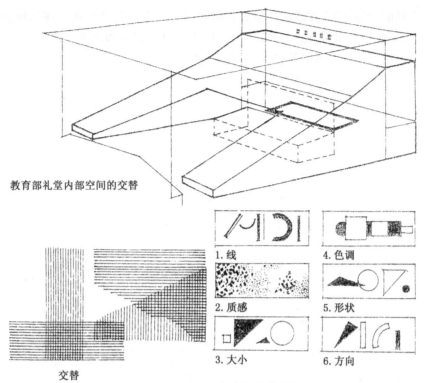

教育部礼堂内部空间的交替

1. 线
4. 色调
2. 质感
5. 形状
3. 大小
6. 方向

交替

图8.3　教育部礼堂空间中的交替

丝绒大幕,虽然完工后仍维持了观众厅内部空间和谐的色彩效果,但这两点是美中不足之处。

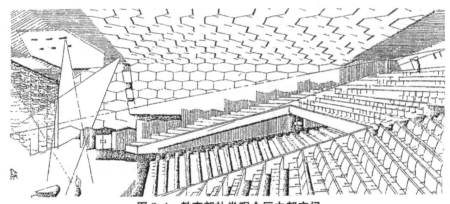

图8.4　教育部礼堂观众厅内部空间

　　和谐或称调和是当两种或更多相似单元组合在一起时达到的效果。和谐与统一不是一个概念,同样面积的红色与紫色,虽然色彩是和谐的,但不统一,只有一种色彩起支配作用时才能达到统一的效果。存在于两种单元体之间的和谐度达到何种程度则成为不和谐,它们之间有个数量关系,这种数量上的关系取决于许多因素的相互关系。所有的艺术结构都基于重复、和谐、不和谐的互相关系的组合之中,和谐存在于两种最紧密的相似之间。

　　在建筑的空间设计中可以运用不调和的程度与和谐的手法来表达一定的感情意念,

平静的或强烈的,沉闷的或狂暴的。例如和谐可以运用在把自然界或传统的概念与设计对象相联系,如建筑空间与自然的和谐,家具形式与时代感的和谐等。而在室内空间中,和谐更多地运用于构成要素的相似性中(图 8.5)。

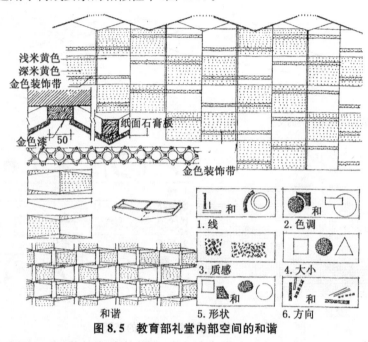

浅米黄色
深米黄色
金色装饰带

纸面石膏板

金色漆　50

金色装饰带

1. 线　2. 色调

3. 质感　4. 大小

和谐　5. 形状　6. 方向

图 8.5　教育部礼堂内部空间的和谐

三　前厅空间中的不对称平衡

教育部礼堂前厅空间设计是两层空间互相贯穿的、不对称的处理。由于前厅的面积较小,采用不对称的空间处理会有空间扩大的视觉效果。一层空间很低,上层是比较大的垂直空间,形成一个不对称的天井空间,一只大吊灯布置在不对称的空间位置上,起到空间中的不对称平衡作用,强调前厅空间中的不对称平衡(图 8.6)。不论是平面构图,立面构成或在空间中的位置,大吊顶都是平衡的需要。

平衡在空间构图上的意义是使各自相反的力量感得到均衡相等的视觉效果,平衡可以是相互对称的,也可以是不对称的。运用这一空间设计要素可以加强空间中某种意义的特征,例如宗教或皇权的庄严性,则常以对称雄伟来表达;表现行动中的或成长中的时间性,则常常在空间中运用不对称的平衡来表达。

四　前厅空间中的主导壁画

主导或称支配,是空间构图中的重要因素,这个原则在室内空间设计中有突显的实际效果。教育部礼堂前厅中的壁画,是整个前厅空间中的主导。要表达壁画在前厅空间环境中的支配作用,则需在空间位置、大小尺度、色彩、质感等方面显示其空间构图上明显的支配意识。壁画长 9 米,高 5 米,彩色釉面瓷砖烧制,题材为树苗,象征着教育事业的育树育人主题。原设计为取自敦煌壁画中的飞天形象,制作成铁画悬浮在白色大理石墙面,配

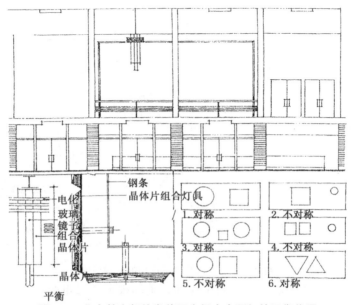

图 8.6　北京教育部礼堂前厅空间中大吊灯的平衡作用

合暗槽灯照明,有阴影立体铁画的效果,配合天井空间中的多层次特色更具独特的新意。但在施工中被业主改变为育树育人的彩色釉面瓷砖壁画,成为前厅设计中的遗憾。

最简单的表达主导地位的方法是用重复某一因素的办法,唤起视觉支配作用的感受。在已经运用了重复手法的设计中,可用强烈的冲突达到构图上的主导,前厅中壁画的主导地位是对它与外围空间构图上的主从关系的处理上达到的(图8.7)。

五　前厅空间中的重复韵律和楼梯空间

教育部礼堂前厅中的天花板与地面采用了图案重复的手法。首层平面中间有天井,层高较低,采用方格形石膏板吊顶,晶体片吸顶灯照明,地面铺美术磨石子。灯具图形对应着地面的图案,天花板与地面的图形在空间上是对应的重复,天井下面的地面图案与天井的形状在图形与色彩上也是对应着的。这些天棚与地面的关系即重复手法在空间设计中的运用(图8.8)。二层与一层两个空间之间有空井上下贯通,又有天花板、地面图案色彩的重复。

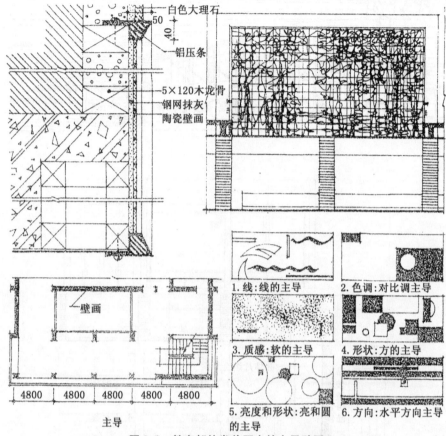

图8.7　教育部礼堂前厅中的主导壁画

主导

1. 线：线的主导
2. 色调：对比调主导
3. 质感：软的主导
4. 形状：方的主导
5. 亮度和形状：亮和圆的主导
6. 方向：水平方向主导

白色大理石
铝压条
5×120木龙骨
钢网抹灰
陶瓷壁画
壁画

重复能以交替的重复形式在空间中存在。美的视觉效果也会产生于交替的重复之中，如同乐曲中重复出现的音乐主题。因此，在建筑空间艺术中常常有很多单个的重复或许多单元的组合重复出现。但必须保留足够的单元特征来构成一个有节奏的认得出的重复关系。重复中综合了统一与冲突这两个设计构图要素。

教育部礼堂的主楼梯空间为了节约面积，没有采用一般会堂前厅中装饰性大楼梯的通常做法，而是采用一般的双跑楼梯小空间，只在起步的大厅中扩大三步踏步平台，踏步对面的墙上装设一面大镜子，有扩大空间的效果。精心设计的装饰性扶手，令人感到楼梯很神气，这是前厅空间中小中见大的处理。

六　材料质感的对比

建筑材料的质感效果是建筑外部空间与内部空间互相渗透与连通的重要因素，教育部礼堂外立面装修材料的运用是材料质感内外空间中对比手法的运用。原设计中建筑立面、地面、室内室外装修，均以不同材料的粗细材料质感的对比为原则。原设计室内的粗质紫红色陶板地面，以及柱面与室外地面、踏步的陶板饰面连为一体，但在施工中室内的粗质陶板地面、柱面未能实现，被改成了大理石饰面，这是由于业主及施工单位不理解材

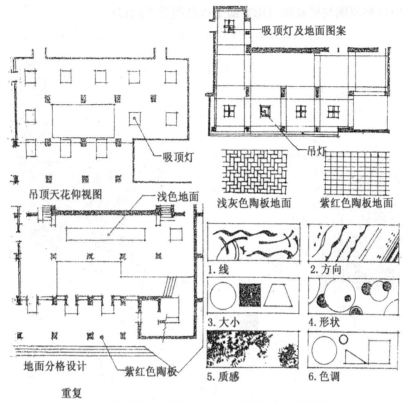

吸顶灯及地面图案

吊灯

吸顶灯

吊顶天花仰视图

浅色地面

浅灰色陶板地面　　紫红色陶板地面

1.线　　　　2.方向

3.大小　　　　4.形状

5.质感　　　　6.色调

地面分格设计　　紫红色陶板

重复

图 8.8　教育部礼堂前厅空间中的构图重复和楼梯空间

料对比的手法。礼堂立面的大面积玻璃与紫红色粗质陶板墙面、柱面形式对比。入口前面的室外地灯下面用卵石铺砌地面,与紫红色陶板的地面和墙面形成空间上的对比。建筑一侧的休息庭园水池、粗石、植物材料与室外疏散楼梯的刷石、陶板地面形成对比。而且,原设计图中还以同样的原则把室外的地面材料的处理办法一直延伸到室内的前厅之中(图 8.9)。

空间中构图的对比或冲突是由相反的因素所建立的趣味,这种对比统一性对建筑空间布局或室内设计有特殊的效果。作为艺术家的建筑师的个人风格与特征的建立,常把许多互相冲突的因素成功地组织在一起,强调或重复某些特征,统一于作品之中。

对比和冲突也是艺术形式表现动态的基础,对比和渐进一样具有能够避免单调的活力。对比的手法也可以反映建筑所要表达的感情,如强烈的、平静的或行动中的。

在建筑的空间设计中,为了求得室内布置与装饰艺术中的美和美的规律,我们需要熟悉空间设计构图的基本要素,并学会运用,如同学习语言时运用词汇一样。它是进行室内空间设计的基本功,这些基本要素作为空间设计的基础可以运用于建筑设计、绘画,地毯,家具等的布置之中。但是成功的设计并不一定都遵循这些原则,甚至有的故意要破坏这些原则而取得成功。设计的语言可以有各种不同的说法,有各式各样的艺术表达方式,设计从来不应该要求必须如何做。我们进行一项建筑的空间设计,首先要运用最基本的空间构图要素,来说明这个空间如何才能具有美的视觉感觉。以上列举了空间设计中的六个重要的因素在教育部礼堂工程中的运用,这些原则与要素的运用并非一定能达到美的构图效果，但这些原则与要素的运用有助于作品接近美的目标。

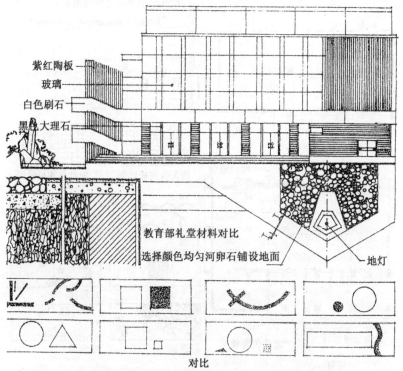

紫红陶板
玻璃
白色刷石
黑色大理石

教育部礼堂材料对比
选择颜色均匀河卵石铺设地面

地灯

对比

图 8.9　教育部礼堂室外空间中材料质感的对比

图片来源

图 3.5 至图 3.7,图 4.3 至图 4.6,图 5.1、图 6.1、图 6.8、图 6.14、图 6.15 均来源于韩国建筑杂志《Space》。书中其他图片均为作者自制。